실
기

제 제
과 빵
제 기
  능
  사

제과제빵기능사 실기

2판 1쇄 발행	2023년 8월 28일
2판 2쇄 발행	2024년 4월 12일

지은이	김훈상
펴낸이	한준희
발행처	(주)아이콕스

책임편집	윤혜민
디자인	김보라
촬영	박현영, 김소미, 이소영
영업·마케팅	김남권, 조용훈, 문성빈
경영지원	김효선, 이정민

Education by Sympathy

주소	경기도 부천시 조마루로385번길 122 삼보테크노타워 2002호
홈페이지	www.icoxpublish.com
쇼핑몰	www.baek2.kr (백두도서쇼핑몰)
이메일	icoxpub@naver.com
전화	032) 674-5685
팩스	032) 676-5685
등록	2015년 07월 09일 제 386-251002015000034호
ISBN	979-11-6426-239-7 (13590)

Confectionary & Bread

실 기

제 과 제 빵 기 능 사

김훈상 지음

iCox

PROLOGUE

과감하게 도전하세요!

도전하기 위해, 취미를 즐기기 위해 책을 펼친 여러분을 위해 만들었습니다.

남들보다 먼저 취득하세요!

자격증을 빠르게 취득하기 위한 모든 스킬을 꼼꼼하게 담았습니다.

무언가 다르게 시작하세요!

제과제빵기능사 자격증 취득을 위한 교재이지만, 자격증에 국한되지 않고 제과제빵에 대한 기본 지식을 담았기에 처음이라 주저하는 분도 시작할 수 있습니다.

최선을 다해 이 책을 만들었습니다. 이 최선이 여러분에게 전달되기를 바랍니다.

집필할 수 있는 기회와 용기를 준 박천기 대표님께 감사드립니다.
또한 전폭적인 지원을 아끼지 않은 정승민 부원장님께도 감사드립니다.
무엇보다 동고동락하며 촬영을 끝까지 함께해준 박현영 PD님과 김소미 PD님께도 큰 감사를 전합니다.

끝으로 이 책이 여러분의 꿈에 한 발자국 다가가는 계기가 되기를 바랍니다.

Be FIRST 김훈상

CONTENTS

PART 2

제과기능사

PART 3

제빵기능사

제과제빵기능사의

기본

제과제빵기능사 시험 정보

1.
실시 기관

한국산업인력공단

2.
취득 방법

홈페이지(http://q-net.or.kr) 회원가입 후 응시가 가능하다. 제과기능사 필기시험에 응시하여 합격한 다음 제과기능사 실기시험에 응시가 가능하다. 제빵기능사 필기시험에 응시하여 합격한 다음 제빵기능사 실기시험에 응시가 가능하다.

- **필기** : 객관식 4지 택일형, 60문항, 60점 이상 합격
- **실기** : 작업형, 품목마다 상이하지만 3~4시간 정도 시험 시간, 60점 이상 합격
- **응시자격** : 제한 없음

구분	제과기능사	제빵기능사
필기	과자류 재료, 제조 및 위생관리	빵류 재료, 제조 및 위생관리
실기	제과 실무	제빵 실무

3.
시험 수수료

- **필기** : 14,500원
- **실기** : 제과기능사 29,500원, 제빵기능사 33,000원

4.
시험 일정

상반기와 하반기 일정이 홈페이지(http://q-net.or.kr)에 공시된다.

5.
합격자 발표

- **인터넷** : 홈페이지(http://q-net.or.kr)
- **전화** : ARS 자동응답전화(1666-0100)

실기시험 출제 기준

각 항목에 대하여 평가를 하며, 세부 항목 점수는 실기 과목에 따라 차이가 있다. 중요한 평가 항목은 제조 공정(55점)과 제품 평가(45점)이다.

❶ 재료계량(5점)

- 재료계량 시간 : 제한 시간을 지키는지 확인한다. 반드시 제한 시간을 엄수해야 한다.

- 계량 정확도 : 각 재료의 계량 정확성 능력을 확인한다.

- 재료 손질 : 작업대, 재료대 등에 재료를 흘리지 않도록 한다.

❷ 반죽(10점)

- 혼합 순서 : 각 재료의 혼합 순서에 대해 평가한다.

- 반죽 온도 : 각 제품별 반죽 완성 온도가 적당한지 평가한다.

- 반죽 상태(비중) : 각 제품의 비중, 반죽의 되기 등 완성 상태가 적절한지 평가한다.

❸ 성형(정형, 15점) : 일정한 모양, 균일성, 두께, 시간 및 숙련성에 대하여 평가한다.

- 성형 숙련성 : 빠른 시간에 능숙하게 작업할 수 있는가에 대해 평가한다.

- 성형 상태 : 모양이 균일하고 일정하며 표면이 매끄럽고 대칭이 되는지 평가한다.

❹ 팬닝(패닝, 4점)

- 팬 준비 : 기름칠을 하거나 종이를 까는 과정이 적절히 이루어지는지 평가한다.

- 팬닝의 양 : 각 제품별 팬의 부피에 적합한 팬닝의 양을 이루는지 평가한다.

❺ 굽기(6점)

- 굽기 관리 : 각 제품의 특성에 맞는 오븐 온도와 시간을 조절할 수 있는지 평가한다.

- 굽기 상태 : 황금갈색이 고르게 나며 잘 익도록 관리하였는지 평가한다.

❻ 정리, 정돈(5점) : 사용한 작업대, 기구 및 주변에 대한 청소 및 정리 정돈 상태에 대하여 평가한다.

❼ 개인 위생(10점) : 위생복, 위생 모자, 두발, 손톱, 액세서리 착용 유무에 대해 평가한다.

❽ 제품 평가(45점)

- 부피 : 분할 무게와 비교하여 부피가 알맞고 균일한가?

- 균형감 : 찌그러짐이 없고 균형이 잘 잡혔는가?

- 껍질 : 부드럽고 색깔이 고르며, 반점이나 줄무늬가 있지 않은가?

- 속결 : 기공과 조직이 고르고, 부드러우며 밝은색이 나는가?

- 맛과 향 : 부드럽고 은은한 맛과 향이 나고, 끈적거리지 않으며 생재료 맛이 나지는 않는가?

2.
제빵기능사
실기시험
출제 기준

❶ 재료계량(5점)

· 재료계량 시간 : 제한 시간을 지키는지 확인한다. 반드시 제한 시간을 엄수해야 한다.

· 계량 정확도 : 각 재료의 계량 정확성 능력을 확인한다.

· 재료 손질 : 작업대, 재료대 등에 재료를 흘리지 않도록 한다.

❷ 반죽(5점)

· 혼합 순서 : 각 재료의 혼합 순서에 대해 평가한다.

· 반죽 온도 : 각 제품별 반죽 완성 온도가 적당한지 평가한다.

· 반죽 상태 : 각 제품별 글루텐 상태가 적당한지 평가한다.

❸ 1차 발효(6점)

· 1차 발효 관리 : 각 제품의 특성에 맞는 온도, 습도를 조절할 수 있는지 평가한다.

· 1차 발효 완료 : 각 제품의 특성에 맞는 발효 시간, 발효 완료점을 판단하는 능력이 있는지 확인한다.

❹ 분할(2점)

· 분할 시작 : 제한 시간 내에 분할할 수 있는지 평가한다.

· 분할 숙련성 : 대강의 무게를 짐작해 한두 번의 가감으로 마무리하는 분할 능력이 있는지 평가한다.

❺ 둥글리기(2점) : 반죽 표면을 매끄럽고 둥글게 둥글리기할 수 있는지 평가한다.

❻ 중간 발효(벤치타임, 2점) : 적정 시간(10~15분)을 지키고, 표면이 마르지 않게 조치하는가에 대해 평가한다.

❼ 성형(정형, 5점) : 모양이 균일하고 일정하며, 표면이 매끄럽고 대칭이 되도록 능숙하게 작업하는지 평가한다.

· 성형 숙련성 : 빠른 시간에 능숙하게 작업할 수 있는가에 대해 평가한다.

· 성형 상태 : 모양이 균일하고 일정하며 표면이 매끄럽고 대칭이 되는지 평가한다.

❽ 팬닝(패닝, 2점) : 반죽의 이음매 처리가 잘 되었는지, 팬에 일정한 간격을 두고 정렬하였는지 평가한다.

❾ 2차 발효(6점)

· 2차 발효 관리 : 각 제품의 특성에 맞는 온도, 습도를 조절할 수 있는지 평가한다.

· 2차 발효 완료 : 각 제품의 특성에 맞는 발효 시간, 발효 완료점을 판단하는 능력이 있는지 확인한다.

❿ 굽기(5점)

· 굽기 관리 : 각 제품의 특성에 맞는 오븐 온도와 시간을 조절할 수 있는지 평가한다.

· 굽기 상태 : 황금갈색이 고르게 나며 잘 익도록 관리하였는지 평가한다.

⓫ 정리, 정돈(5점) : 사용한 작업대, 기구 및 주변에 대한 청소 및 정리 정돈 상태를 평가한다.

⓬ 개인 위생(10점) : 위생복, 위생 모자, 두발, 손톱, 액세서리 착용 유무에 대해 확인하고 평가한다.

⓭ 제품 평가(45점)

- 부피 : 분할 무게와 비교하여 부피가 알맞고 균일한가?

- 균형감 : 찌그러짐이 없고 균형이 잘 잡혔는가?

- 껍질 : 부드럽고 색깔이 고르며, 반점이나 줄무늬가 있지 않은가?

- 속결 : 기공과 조직이 고르고, 부드러우며 밝은색이 나는가?

- 맛과 향 : 부드럽고 은은한 맛과 향이 나고, 끈적거리지 않으며 생재료 맛이 나지는 않는가?

3.
제과제빵기능사
실기시험
규정 사항

❶ 위생 기준 상세 안내 : 위생 기준에 적합하지 않을 경우 감점 또는 실격 처리되므로 규정에 맞는 복장을 준비하여 시험에 응시합니다. 위생 기준은 제품의 위생과 수험자의 안전을 위한 사항임을 기억하기 바랍니다.

순번	재료명	규격	위생 기준
1	위생복	흰색(상하의)	• 미착용 시 실격 • 기관 및 성명 등의 표식이 없을 것 • 흰색 하의는 흰색 앞치마로 대체 가능하나 화상 등의 안전사고 방지를 위하여 앞치마 안의 하의가 반바지, 짧은 치마 등 부적합한 복장일 경우는 감점 처리
2	위생모	흰색	• 미착용 시 실격 • 기관 및 성명 등의 표식이 없을 것 • 흰색 머릿수건으로 대체 가능하나, 일반 제과점에서 통용되는 위생모, 머릿수건이 아닌 경우는 감점 처리 • 위생모가 아닌 흰색 비니모자, 털모자 등은 감점 처리
3	신발	작업화	• 기관 및 성명 등의 표식이 없을 것
4	장신구 착용 시 감점		• 이물, 교차 오염 등의 원인이 되는 장신구 착용 금지(귀걸이, 시계, 팔찌, 반지 등)
5	두발		• 머리카락이 길 경우 머리카락이 흘러내리지 않도록 단정히 묶거나 머리망을 착용하여야 하며, 위생적이지 못할 경우 감점 처리
6	손톱		• 청결해야 하며, 오염될 수 있는 매니큐어 등은 감점 처리

❷ 각 과제별 얼음의 용도 안내

- 지급재료 중 얼음(식용, 겨울철 제외)은 반죽 온도를 낮추는 반죽 온도 조절용으로 지급되므로, 얼음물은 반죽의 온도를 낮추는 용도로만 활용합니다.
- 이 외의 변칙적인 방법으로 얼음물을 믹서기볼 밑바닥에 대는 등의 방법은 안전한 시행을 위하여 사용을 금합니다. 만약 수험생이 변칙적인 방법을 사용할 경우 감점 처리됩니다.

❸ 재료계량 상세 안내 : 지급재료는 시험 시작 후 재료계량 시간(재료당 1분) 내에 공동 재료계량에서 수험자가 적정량의 재료를 본인의 작업대로 가지고 가서 저울을 사용하여 재료를 계량합니다.

- 재료계량 시간이 종료되면 시험 시간을 정지한 상태에서 감독위원이 무작위로 확인하여 계량 채점을 하고 잔여 재료를 정리한 후(시험 시간 제외) 시험 시간을 재개하여 작품 제조를 시작합니다.
- 계량 시간 내 계량을 완료하지 못한 경우, 누락된 재료가 있는 경우 등은 채점 기준에 따라 감점하고, 시험 시간 재개 후 추가 시간 부여 없이 작품 제조 시간을 활용하여 요구사항의 배합표 무게대로 정정 계량하여 제조합니다.
- 제조 중 제품을 잘못 만들어 다시 제조하는 것은 시험의 공정성과 형평성 상 불가하므로, 재료의 재지급 및 추가 지급은 불가합니다.

수험자 지참 준비물

준비물은 홈페이지(http://q-net.or.kr)의 '실기시험안내'에서 확인 가능합니다. 각 시험장에 도구들(필수 도구들)은 준비되어 있기에 준비물 목록에 있는 도구들을 모두 준비할 필요는 없지만 위생모, 위생복, 작업화, 앞치마, 행주, 볼펜 같은 준비물은 반드시 개인이 준비해야 합니다.

번호	재료명	규격	단위	수량	비고
1	계산기	계산용	EA	1	
2	고무주걱	중	EA	1	제과용
3	국자	소	EA	1	
4	나무주걱	제과용, 중형	EA	1	제과용
5	보자기	면(60×60cm)	EA	1	
6	분무기		EA	1	
7	붓		EA	1	제과용
8	실리콘페이퍼	테프론시트	기타	1	필수 준비물은 아니며 수험생 선택 사항입니다.
9	오븐장갑	제과제빵용	켤레	1	
10	온도계	제과제빵용	EA	1	유리 제품 제외
11	용기(스텐 또는 플라스틱)	소형	EA	1	스텐볼, 플라스틱용기 등 필요 시 지참(수량 제한 없음)
12	위생모	흰색	EA	1	미착용 시 실격, 기관 표식이 없는 것
13	위생복	흰색(상하의)	벌	1	미착용 시 실격, 기관 표식이 없는 것 (하의는 앞치마로 대체 가능)
14	자	문방구용 (30~50cm)	EA	1	
15	작업화		EA	1	기관 표식이 없는 것
16	주걱	제빵용, 소형	EA	1	제빵용
17	짤주머니		EA	1	모양깍지는 검정장시설로 별·원형·납작톱니모양이 구비되어 있으나, 수험생 별도 지참도 가능합니다.
18	커터칼	문구용	EA	1	
19	필러칼	조리용	EA	1	사과 파이 제조 시 사과 껍질을 벗기는 용도, 필요 시 지참
20	행주	면	EA	1	
21	흑색 볼펜	사무용	EA	1	

시험 도구

❶ 전자저울　　재료를 계량하거나 반죽을 분할할 때 사용한다.

❷ 계량컵　　액체재료를 계량할 때 사용한다.

❸ 계량스푼　　소량의 가루재료를 계량할 때 사용한다.

❹ 실리콘주걱　　가루재료를 섞거나, 반죽을 정리할 때 사용한다.

❺ 헤라　　팥빵 성형 시 앙금을 넣을 때 사용한다.

❻ 디지털 온도계　　반죽의 온도나 물의 온도 등을 잴 때 사용한다.

❼ 짤주머니　　반죽을 담아 틀에 짜거나 쿠키 성형에 사용한다.

❽ 체　　가루재료를 체로 내려 부드럽게 만들 때 사용한다. 액체와 고형물을 분리할 때도 사용한다.

❾ 스텐볼　　계량할 때나 제과 반죽을 제조할 때 또는 제빵 반죽을 담을 때 사용한다.

❿ 나무밀대, 나무젓가락, 스패츌러　　반죽을 밀어 펴거나 성형 시 사용한다.

⓫ 붓　　밀가루를 털어내거나 달걀을 바를 때 사용한다.

⓬ 목란　　단팥빵 성형 시 누를 때 사용한다.

⓭ 필러, 칼, 포크　　사과를 깎을 때 또는 제과 반죽 성형 시 사용한다.

⓮ 거품기　　달걀이나 크림 등을 저어서 거품을 내거나 섞을 때 사용한다.

⓯ 스크래퍼　　반죽을 긁어내거나 정리할 때 사용한다.

⓰ 모양깍지　　짤주머니 끝에 끼워 사용하는 도구이며 여러 가지 모양이 있다.

❶ 원형팬　　　　　　　스펀지 반죽 등을 팬닝하고 구울 때 사용한다.

❷ 낮은 오븐팬　　　　　제빵 또는 제과 반죽 등을 팬닝하고 구울 때 사용한다.

❸ 높은 오븐팬　　　　　롤 케이크의 반죽을 팬닝하고 구울 때 사용한다.

❹ 산형 식빵틀,　　　　 식빵 반죽을 팬닝하고 구울 때 사용한다.
　 풀만식빵틀

❺ 시퐁틀　　　　　　　시퐁 케이크 반죽을 팬닝하고 구울 때 사용한다.

❻ 파운드틀　　　　　　파운드 케이크나 과일 케이크를 팬닝하고 구울 때 사용한다.

❼ 휴대용 가스레인지　　반죽을 중탕하거나 재료를 녹일 때 사용한다.

❽ 파이틀　　　　　　　사과 파이, 호두 파이를 만들 때 사용한다.

❾ 비중컵　　　　　　　반죽의 비중을 재거나 치즈 케이크를 만들 때 사용한다.

❿ 마드레느틀　　　　　마드레느 반죽을 팬닝하고 구울 때 사용한다.

⓫ 다쿠와즈틀　　　　　다쿠와즈 반죽을 팬닝하고 구울 때 사용한다.

⓬ 타공팬(냉각팬)　　　제빵 또는 제과 제품을 식힐 때 사용한다.

⓭ 면포　　　　　　　　롤 케이크를 말기 위해 젖은 면포를 사용한다.

⓮ 테프론시트, 유산지　철판 위에 깔아서 반죽을 팬닝할 때 사용한다.

• 데크 오븐

빵과 과자를 구울 때 사용한다. 상황에 따라서 적절하게 온도를 조절
하여 사용한다.

• 수직 믹서

반죽을 제조하는 기계로 볼 안에 훅, 휘퍼 등이 수직으로 연결되어 회
전하면서 반죽을 만든다.

• 발효실

제빵 반죽을 1차 발효, 2차 발효할 때 이용한다.

* 그 외에 타르트틀, 쿠키커터, 파이커터 등 다양한 두구가 사용된다.

종이재단과 비중 체크

1.
종이재단

· 원형틀 종이재단(3호 원형틀)

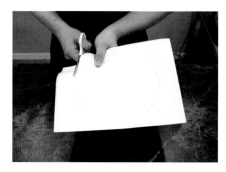

01.
유산지 위에 원형틀을 올리고 볼펜으로 원을 그린 후 잘라 바닥을 만든다.

02.
유산지 위에 원형틀의 옆면이 바닥에 닿도록 세워서 올린 다음 원형틀 높이보다 3cm 정도 높게 표기하여 잘라 옆면을 만든다.

03.
옆면은 1cm 정도 접어준 후 펼쳐서 접은 부분에 가위질한다.

04.
원형틀에 옆면을 먼저 두르고 바닥을 깔아서 완성한다.

- **높은 오븐팬 종이재단(롤 케이크용)**

01.
높은 오븐팬 위에 유산지를 올려서 사이즈를 체크한다.

02.
반을 살짝 접어서 가장자리를 대각선으로 가위질한다.

03.
반대쪽 가장자리도 대각선으로 가위질한다.

04.
높은 오븐팬 위에 종이를 올리고 모서리를 눌러가며 유산지를 고정해 완성한다.

- **파운드틀 종이재단**

01.
유산지 위에 파운드틀을 눕혀 올린 뒤 종이에 표기한다.

02.
파운드틀을 바로 놓아서 가운데 부분을 종이에 표기한다.

03.

다시 한 번 반대로 눕혀서 종이에 표기한다.

04.

그대로 유산지 위에 파운드틀을 세워 올려서 종이에 표기한다.

05.

반대편으로도 파운드틀을 세워서 다시 한 번 표기한다.

06.

사용하지 않는 부분을 잘라낸다.

07.

파운드틀에 유산지가 들어갈 수 있도록 가위질한다.

08.

파운드틀에 넣어 완성한다.

2.
비중 체크

비중=(반죽 무게-컵 무게)/(물 무게-컵무게)

01.
저울을 켠 다음 비중컵을 올리고 영점을 잡아 비중컵 무게를 0으로 설정한다.

02.
영점을 잡은 비중컵에 물을 가득 부어 물 무게를 확인한다.

03.
다시 영점을 잡은 비중컵에 반죽을 가득 부어 반죽 무게를 확인한다.

04.
'반죽 무게/물 무게'를 한다.

실기시험의 제법과 용어

1.
크림법

- 가루, 설탕, 달걀, 유지를 기본 재료로 사용하며 화학팽창제(베이킹파우더 또는 베이킹소다)를 사용하여 부풀리는 반죽법이다.
- 유지와 설탕을 섞어 부드럽게 풀어준 뒤 달걀을 여러 번에 나누어 넣고 섞어 부드럽고 매끄러운 크림을 만든다. 체로 내린 가루재료들을 섞어준 후 액체재료(물, 우유, 술 등)를 넣고 섞어 반죽을 완성한다.

2.
블렌딩법

- 유지와 밀가루를 먼저 혼합하여 밀가루가 유지에 의해 가볍게 코팅되도록 한 후 액체재료를 섞어서 반죽을 완성한다. 글루텐이 형성되지 않는다.

3.
공립법

- 밀가루, 설탕, 소금, 달걀을 기본 재료로 사용하며 달걀의 기포성을 이용하는 공기 팽창에 의한 반죽법이다.
- 더운 공립법 : 달걀, 설탕, 소금을 넣고 43℃로 중탕한 후 거품을 내는 방법이며, 껍질색이 예쁘고 기포성이 좋다.
- 찬 공립법 : 달걀과 설탕을 중탕하지 않고 거품을 내는 방법으로 설탕 사용량이 적은 반죽에 어울린다.

4.
별립법

- 달걀을 노른자와 흰자로 분리하여 각기 거품을 내어 섞는 방법이다.
- 노른자와 흰자를 분리할 때 흰자에 노른자가 들어가지 않도록 주의해야 한다.

5.
시퐁법

- 달걀을 노른자와 흰자로 분리하긴 하지만 별립법처럼 노른자를 거품 내지는 않는다.
- 화학팽창제를 사용하여 부풀리는 반죽법이다.

6.
스트레이트법

- 유지를 제외한 전 재료를 볼에 한꺼번에 넣고 반죽하다 클린업 단계에서 유지를 넣고 반죽하는 방법이다.
- 스트레이트법의 공정 : 계량 → 반죽 → 1차 발효 → 분할 → 둥글리기 → 중간 발효(벤치타임) → 성형(정형) → 팬닝(패닝) → 2차 발효 → 굽기 → 냉각 → 포장

7.
제빵 반죽 단계

❶ 픽업 단계 : 밀가루와 그 밖의 재료가 액체재료와 섞이는 단계이다.

❷ 클린업 단계 : 반죽기 볼의 내면이 깨끗해지고 반죽이 한 덩어리로 만들어지며 글루텐이 형성되기 시작하는 단계이다.

❸ 발전 단계 : 반죽의 탄력성이 최대가 되며, 믹서의 최대 에너지가 요구되는 단계이다.

❹ 최종 단계 : 반죽이 부드럽고 신장성이 최대가 되는 단계이다.

❺ 렛 다운 단계 : 탄력이 줄고 신장성이 커져 반죽이 늘어지는 단계이다.

❻ 파괴 단계 : 반죽이 찢어져 빵을 만들 수 없는 단계이다

8.
제빵 용어 소개

❶ 1차 발효 : 반죽이 완료된 후 성형 과정에 들어가기 전까지의 발효 기간으로 반죽 후 처음 부피의 약 3배 정도로 증가한다. 섬유질 구조들이 생성되는 단계이다.

❷ 분할 : 발효된 반죽을 미리 정한 무게로 나누는 과정이며, 분할하는 과정에서도 발효는 진행되므로 신속히 분할해야 한다.

❸ 둥글리기 : 분할한 반죽을 동그랗고 매끄러운 형태로 만드는 과정이다.

❹ 중간 발효(벤치타임) : 작업대 위에서 마르지 않게 비닐이나 젖은 면포를 덮어 10~20분 정도 둠으로써 반죽을 유연하게 하여 성형 시 용이하게 한다.

❺ 성형(정형) : 빵의 모양을 만드는 공정으로 반죽을 틀에 넣기 전 혹은 팬에 놓기 전 상태를 말한다.

❻ 팬닝(패닝) : 성형이 완료된 반죽을 오븐팬에 놓는 공정을 말한다. 반죽의 이음매는 무조건 팬의 바닥으로 놓아야 한다.

❼ 2차 발효 : 발효실에서 숙성시키는 과정을 말하며 제품 부피의 70~80% 정도 부풀리며 외형과 식감을 결정짓는 중요한 과정이다.

❽ 굽기 : 반죽을 오븐에 넣어 굽는 과정이며 반죽의 크기, 발효 상태, 반죽의 밀도에 따라 굽는 온도와 시간의 차이가 있다.

❾ 냉각 : 구워낸 빵을 실온에서 식히는 과정으로 제품의 온도는 약 38℃로 식힌다.

❿ 포장 : 제조된 빵을 인체에 무해한 용기나 포장지를 이용하여 포장함으로써 빵의 저장성을 높이고 미생물의 오염을 막는다.

실기시험 Q&A

Q1.

오븐의 온도 조절과 굽는 시간은 책에 적혀 있는 기준을 꼭 지켜야 하나요?

- 제빵 : 분할량과 고율배합 또는 저율배합의 차이로 인해 굽는 시간과 온도가 달라집니다. 보통 500g 내외인 식빵은 30분 정도 구워야 위의 색과 옆의 색이 골고루 갈색이 됩니다. 분할량이 적은 단과자빵과 같은 경우에는 15~20분 정도 굽는 게 보통이지만 오븐마다 성능의 차이가 있을 수 있고 자신의 반죽 상태에 따라 달라질 수 있으니 책에 적혀 있는 기준을 참고하되 자신의 반죽 상태에 따른 기준을 확인할 수 있어야 합니다.

- 제과 : 반죽법, 반죽 온도, 비중, 팬닝의 양에 따라 달라지기 때문에 책에 적혀 있는 기준을 참고하되 자신의 반죽 상태에 따른 기준을 확인할 수 있어야 합니다.

Q2.

발효 시간 조절은 어떻게 확인하나요?

이론에 따르면 1차 발효는 온도 27℃, 습도 75~80%이고 2차 발효는 온도 35~43℃, 습도 85~90%입니다. 그렇지만 실제 실기시험장에서는 1, 2차 발효실이 설정되어 있는 경우가 가장 많으며 4~5명과 상의하여 발효실을 스스로 설정하도록 하는 곳도 있습니다. 그러니 이론의 1, 2차 발효 온도와 습도를 기억해야 합니다. 1차 발효는 처음의 반죽 부피에 비해 2~3배 부풀어오르며, 손가락 테스트를 통해 확인할 수 있습니다. 2차 발효의 경우에는 약 30~50분 정도 소요가 되니 기억해두면 좋습니다. 시험장에서는 발효실 문을 너무 자주 여닫아 발효실의 온습도가 자꾸 내려가면 발효 시간이 길어지게 되니 시간 개념보다는 꼭 상태 개념으로 발효 상태를 파악하는 능력을 키워야 합니다.

Q3.

저속 반죽과 고속 반죽을 정해진 시간대로만 해야 하나요?

- 제빵 : 반죽 믹싱을 저속으로 하느냐 고속으로 하느냐의 차이는 개인의 습관이나 성향에 따라 달라집니다. 원칙은 저속→중속→고속→중속→저속입니다. 이 책에서는 저속→중속→고속 순서로 설명해놓았습니다. 이 또한 자신의 반죽 상태에 따라서 조절할 수 있는 능력을 키워야 합니다. 반죽의 글루텐은 잡혔지만 온도가 잡히지 않았다면 고속으로 빠르게, 글루텐은 잡히지 않고 온도만 잡혔다면 저속으로 천천히 진행합니다.

- 제과 : 반죽형 반죽에서는 중속과 고속을 오가며 분리되지 않도록 충분히 크림을 형성시키는 것이 좋고, 거품형 반죽에서는 고속으로 설탕, 소금 등을 넣어가며 거품을 내고 중속 또는 저속으로 기공정리를 해주는 것이 가장 좋습니다.

Q4. 계절별 반죽 온도 조절을 어떻게 하나요?

- 제빵 : 보통 겨울에는 뜨거운 물을 섞어 20~23℃ 정도 되는 물을 사용하고 여름에는 얼음물을 섞어 15~18℃ 정도 되는 물을 사용해야 합니다. 정확한 물 온도를 구하고 싶다면 공식을 이용하여 물 온도를 구해야 합니다.

> 마찰 계수 : 반죽 결과 온도×3-(실내 온도+밀가루 온도+수돗물 온도)
> 사용할 물 온도 : 희망 반죽 온도×3-(실내 온도+밀가루 온도+마찰 계수)
> 얼음 사용량 : 총사용량×(수돗물 온도+사용할 물 온도)/80+수돗물 온도

- 제과 : 여름에는 반죽 온도를 어렵지 않게 맞출 수 있습니다. 겨울에는 반죽형 반죽의 경우 반죽 온도를 맞추기가 쉽지 않습니다. 들어가는 재료도 많고 유지가 차갑고 단단한 경우가 많아 어려움이 많기 때문에 날이 추워지면 유지를 풀어주는 과정에서 따뜻한 물을 받쳐 사용해야 합니다. 달걀이 차가울 경우 달걀을 깨서 중탕하거나 깨지 않은 달걀을 더운 물에 잠시 담가두었다 사용해야 합니다.

Q5. 밀어 펴는 반죽을 잘하기 위해서는 어떻게 해야 하나요?

대부분의 빵 반죽과 밀어 펴는 쿠키 반죽은 작업대에 적당량의 덧가루를 뿌려서 반죽이 작업대와 밀대에 달라붙지 않도록 해야 합니다. 반죽을 밀어 펴고 난 뒤에는 반죽을 움직여서 작업대에 반죽이 달라붙어 있지는 않은지 확인해야 합니다. 그렇다고 너무 많은 양의 덧가루를 사용하면 원하는 모양과 식감의 반죽을 만들 수 없으니 항상 적당한 덧가루를 사용하여 작업해야 합니다.

Q6. 반죽이 익었는지, 덜 익었는지를 어떻게 알 수 있나요?

- 제빵 : 눈으로 색을 먼저 보고 색이 보기 좋은 갈색인지 확인한 후 약간의 탄력이 있는지 손으로 살짝 눌러봅니다.
- 제과 : 안 익은 제과 반죽은 손으로 살짝 눌렀을 때 손자국이 남기도 합니다. 또한 꼬치로 찔러봤을 때 안 익은 반죽이 묻어나오면 안 됩니다. 틀에 종이를 깔아서 굽는 반죽의 경우에는 깔아둔 종이가 약간 주름이 잡히면 익은 것으로 생각해도 됩니다.

Q7. 오븐을 사용하는 데 특히 주의해야 할 점은 무엇인가요?

오븐은 문을 자주 열지 않는 것이 기본입니다. 우리가 목욕탕에서 따뜻한 온탕에서 몸을 녹이고 있는데 누군가 갑자기 냉탕에 있는 차가운 물을 내 몸에 뿌렸다고 생각해보세요. 아주 기분이 나쁘겠죠? 제품도 마찬가지입니다. 오븐에서 따뜻한, 뜨거운 열을 받아 구조가 익어가고 있는 도중에 오븐 문을 열어 찬 기운이 유입이 된다면 제품은 '푹' 하고 꺼져버립니다.

Q8. 시험장에 있는 믹서가 사용하던 믹서와 다른데 어떻게 해야 하나요?

시험장에 있는 믹서든 일반적인 믹서든 속도(기어)를 바꿀 때는 꼭 전원을 멈추고 변속해야 장비가 망가지지 않습니다. 믹서에 따라서 안전망이 있는 믹서는 안전망을 꼭 닫은 후 전원을 켜야 작동이 됩니다. 또한 시험장에서는 시험 관계자에게 묻는다면 도움을 받을 수 있습니다. 사용할 때는 안전사고에 주의해주세요.

Q9. 실기시험에 응시할 때 피해야 하는 복장과 위생 상태에는 어떤 것들이 있나요?

손톱과 지저분한 수염은 정리해야 하며, 긴 머리는 머리를 묶어 머리망을 해야 합니다. 짧은 치마, 구두, 슬리퍼 등 위생, 안전사고에 위험이 있는 복장은 피해야 합니다. 반드시 위생복과 위생모자, 앞치마, 안전화를 갖춰야 합니다.

Q10. 반죽이 남은 경우에는 어떻게 해야 하나요?

- 제빵 : 남은 반죽은 둥글리기하여 발효 후 구워서 제출하면 됩니다. 그러나 감독위원의 다른 요구사항이 있다면 그 요구사항에 따르면 됩니다.
- 제과 : 보통 남은 반죽이 생기지는 않지만 마드레느의 경우에는 남은 반죽이 생길 수 있으니 감독위원의 요구사항에 따르면 됩니다.

PART 2

제 과 기 능 사

쇼트 브레드 쿠키
SHORT BREAD COOKIES

**요 구
사 항**

❶ 배합표의 각 재료를 계량하여 재료별로 진열하시오(9분).

❷ 반죽은 수작업으로 하여 크림법으로 제조하시오.

❸ 반죽 온도는 20℃를 표준으로 하시오.

❹ 제시한 정형기를 사용하여 두께 0.7~0.8cm, 지름 5~6cm
(정형기에 따라 가감) 정도로 정형하시오.

❺ 반죽은 전량을 사용하여 성형하시오.

❻ 달걀 노른자칠을 하여 무늬를 만드시오.

• 달걀은 총 7개를 사용하며, 달걀 크기에 따라 감독위원이 가감하여
지정할 수 있다.

ⓐ 배합표 반죽용 4개(달걀 1개+노른자용 달걀 3개)

ⓑ 달걀 노른자칠용 달걀 3개

배합표

재료명	비율(%)	무게(g)
박력분	100	500
마가린	33	165
쇼트닝	33	165
설탕	35	175
소금	1	5
물엿	5	25
달걀	10	50
노른자	10	50
바닐라향	0.5	2.5(2)
계	227.5	1,137.5(1,137)

지급재료 목록

재료명	규격	수량	비고
밀가루	박력분	660g	1인용
달걀	60g(껍데기 포함)	7개	1인용
설탕	정백당	231g	1인용
소금	정제염	7g	1인용
쇼트닝	제과용	218g	1인용
물엿	이온엿, 제과용	33g	1인용
마가린	무염	218g	1인용
바닐라향	분말	4g	1인용
식용유	대두유	50ml	1인용
위생지	식품용(8절지)	10장	1인용
제품상자	제품포장용	1개	5인 공용
얼음	식용	200g	1인용(겨울철 제외)

× POINT ×

◯ 크림법으로 만들어주세요.

◯ 손으로 반죽해주세요.

◯ 설탕을 80% 정도 녹이는 크림법으로 하되, 반죽이 질어지지 않도록 주의해야 해요.

◯ 오븐팬은 2팬을 사용해요.

◯ 오븐은 윗불 180℃, 아랫불 150℃로 예열해주세요.

◯ 달걀 사용량에 주의해주세요.

01.

재료계량을 한다.

〔 **TIP** 〕 감독위원이 지정하는 볼, 종이를 사용해서 재료를 계량한다.

02.

가루재료(박력분, 바닐라향)를 체로 내린 후 볼에 담는다.

03.

볼에 쇼트닝을 넣고 먼저 풀어준 후 버터를 넣고 푼다.

〔 **TIP** 〕 유지류가 단단하면 조금씩 중탕해가며 풀어준다.

04.

풀어준 유지류에 설탕, 소금, 물엿을 넣고 설탕을 80% 정도 녹이듯 크림화한다. 달걀은 흰자와 노른자를 분리해둔다.

05.

분리가 나지 않도록 노른자를 먼저 넣고 섞은 후 흰자를 넣어가며 섞는다.

06.

체로 내린 가루재료를 넣고 주걱으로 자르듯 섞는다.

07.

한 덩어리가 되면 반죽 온도를 체크하고 비닐에 넣은 후 평평하게 펴서 30분 동안 냉장휴지를 한다.

08.

휴지가 끝난 반죽은 1/2등분하여 덧가루를 뿌려가며 0.7~0.8cm로 밀어서 쿠키커터로 정형한 후 팬닝한다. 남은 반죽도 동일하게 만든다.

09.

노른자 3개분을 체로 거른 후 반죽에 얇게 2번 바르고 포크로 무늬를 만든다.

제과 01. 쇼트 브레드 쿠키

10.

예열한 오븐에 넣고 20분 정도 구워준다.

11.

한 김 식힌 후 유산지를 깐 타공팬에 옮겨서 제출한다.

★ ★ ★

제 품 평 가

쿠키색이 진한 갈색이 아니라 황금빛을 띄고 있어야 한다.

포크 자국이 선명하게 남아야 한다.

쿠키의 두께가 모두 동일해야 한다.

소프트 롤 케이크(별립법)

SOFT ROLL CAKE

**요 구
사 항**

❶ 배합표의 가 재료를 계량하여 재료별로 진열하시오(10분).

❷ 반죽은 별립법으로 제조하시오.

❸ 반죽 온도는 22℃를 표준으로 하시오.

❹ 반죽의 비중을 측정하시오.

❺ 제시한 팬에 알맞도록 분할하시오.

❻ 반죽은 전량을 사용하여 성형하시오

❼ 캐러멜 색소를 이용하여 무늬를 완성하시오(무늬를 완성하지
않으면 제품 껍질 평가 0점 처리).

반죽

재료명	비율(%)	무게(g)
박력분	100	250
설탕(A)	70	175(176)
물엿	10	25(26)
소금	1	2.5(2)
물	20	50
바닐라향	1	2.5(2)
설탕(B)	60	150
달걀	280	700
베이킹파우더	1	2.5(2)
식용유	50	125(126)
계	593	1,482.5(1,484)

충전물(충전용 재료는 계량 시간에서 제외)

재료명	비율(%)	무게(g)
잼	80	200

배합표

재료명	규격	수량	비고
밀가루	박력분	275g	1인용
설탕	정백당	350g	1인용
물엿	이온엿, 제과용	28g	1인용
소금	정제염	3g	1인용
바닐라향	분말	3g	1인용
달걀	60g(껍데기 포함)	15개	1인용
베이킹파우더	제과제빵용	3g	1인용
식용유	대두유	180ml	1인용
캐러멜 색소	제과용	2g	1인용
잼	과일잼류	220g	1인용
위생지	식품용(8절)	10장	1인용
제품상자	제과제빵용	1개	5인 공용
얼음	식용	200g	1인용(겨울철 제외)

지급재료 목록

× POINT ×

- 노른자와 흰자를 분리할 때 주의하세요.
- 종이재단을 해주세요.
- 소프트 롤 케이크는 한 김, 두 김, 세 김 식힌 다음 말아주세요.
- 비중은 0.45~0.55로 나와야 해요(비중=(반죽 무게-컵 무게)/(물 무게-컵 무게)).
- 오븐은 윗불 180℃, 아랫불 150℃로 예열해주세요.
- 프렌치 머랭 90%를 잘 맞춰주세요.
- 구운 후 밀대와 젖은 면포를 이용해서 말아주세요. 면포가 없다면 유산지(노루지)를 사용해서 말아주세요.

01.

재료계량을 한다.

〔 **TIP** 〕 감독위원이 지정하는 볼, 종이를 사용해서 재료를 계량한다.

02.

높은 오븐팬에 종이재단을 한다.

03.

가루재료(박력분, 베이킹파우더, 바닐라향)를 체로 내린 후 볼에 담는다.

04.

달걀을 노른자와 흰자로 분리한다.

05.

노른자, 설탕(B), 소금, 물엿을 볼에 넣고 아이보리색이 될 때까지 손으로 휘핑한다.

06.

물을 넣고 섞어서 설탕을 완전히 녹인다.

07.

기계로 흰자 머랭을 90% 올린다.

07-1.

흰자 거품이 30%일 때(맥주 거품처럼 보일 때) 설탕(A)을 1/3 넣는다.

제과 02. 소프트 롤 케이크(별립법)

07-2.
흰자 거품이 60%일 때(클렌징폼 거품
처럼 보일 때) 설탕(A)을 1/3 넣는다.

07-3.
흰자 거품 80%일 때(생크림 거품처럼
보일 때) 설탕(A)을 1/3 넣는다.

〔 **TIP** 〕 90% 머랭은 머랭을 들었을 때 머랭
뿔이 살짝 휘는 정도이다.

08.
노른자 반죽에 머랭을 1/2 넣고 섞는다.

09.
노른자 반죽에 체로 내린 가루재료를
넣고 섞는다.

10.
식용유에 반죽 1/4을 넣고 섞어 희생반
죽을 만들어본 후 희생반죽을 본반죽
에 넣고 섞는다.

11.
반죽에 나머지 머랭을 넣고 섞는다.

12.
반죽 온도와 비중을 체크한다.

13.
종이재단을 한 오븐 팬에 팬닝하여 스
크래퍼로 넓고 평평하게 편다.

14.

비중을 쟀던 반죽에 캐러멜 색소를 소량 섞어서 갈색으로 만든다.

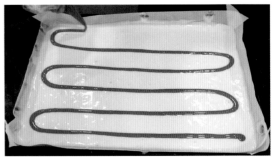

15.

짤주머니에 캐러멜 색소 반죽을 넣고 반죽 위에 3cm 간격으로 짠다.

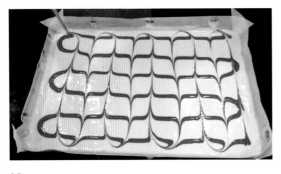

16.

젓가락을 이용하여 무늬를 내고 예열한 오븐에 넣어 20~25분 동안 구워준다.

17.

익으면 타공팬에 옮겨서 한 김 식힌다.

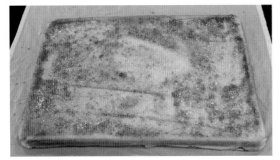

18.

물에 젖은 면포 위에 뒤집어 놓은 후 종이를 제거하고 잼을 골고루 바른다.

19.

밀대를 사용하여 말아준다.

20.
유산지를 깐 타공팬에 조심히 옮긴 뒤 제출한다.

⭐ ⭐ ⭐

제 품 평 가

롤 케이크 표면에 무늬가 균일하게 나 있어야 한다.

표면에 찢어짐이 없어야 한다.

롤 케이크 굵기가 똑같아야 한다.

90% 머랭이 제대로 되어야 제품도 균등하다.

버터 스펀지 케이크(공립법)

BUTTER SPONGE CAKE

요 구 사 항	❶ 배합표의 각 재료를 계량하여 재료별로 진열하시오(6분).	❹ 반죽의 비중을 측정하시오.
	❷ 반죽은 공립법으로 제조하시오.	❺ 제시한 팬에 알맞도록 분할하시오.
	❸ 반죽 온도는 25℃를 표준으로 하시오.	❻ 반죽은 전량을 사용하여 성형하시오.

배합표

재료명	비율(%)	무게(g)
박력분	100	500
설탕	120	600
달걀	180	900
소금	1	5(4)
바닐라향	0.5	2.5(2)
버터	20	100
계	421.5	2,107.5(2,106)

지급재료 목록

재료명	규격	수량	비고
밀가루	박력분	550g	1인용
달걀	60g(껍데기 포함)	19개	1인용
설탕	정백당	660g	1인용
소금	정제염	6g	1인용
버터	무염	110g	1인용
바닐라향	분말	3g	1인용
식용유	대두유	50ml	1인용
위생지	식품용(8절지)	10장	1인용
제품상자	제품포장용	1개	5인 공용
얼음	식용	200g	1인용(겨울철 제외)

× POINT ×

◯ 더운 공립법(43~50℃)으로 만들어주세요.

◯ 종이재단을 해주세요(3호 사이즈 4개).

◯ 버터는 55~60℃가 되도록 중탕으로 녹여주세요.

◯ 비중은 0.45~0.55로 나와야 해요(비중=(반죽 무게-컵 무게)/(물 무게-컵 무게)).

◯ 오븐은 윗불 180℃, 아랫불 160℃로 예열해주세요.

01.

재료계량을 한다.

〔 **TIP** 〕 감독위원이 지정하는 볼, 종이를 사용해서 재료를 계량한다.

02.

종이재단을 한다.

03.

가루재료(박력분, 바닐라향)를 체로 내린 후 볼에 담는다.

04.

스텐볼에 달걀, 설탕, 소금을 넣고 휘퍼로 섞으면서 중탕한다. 이때 달걀물의 온도는 43~50℃로 맞춘다.

05.

다른 스텐볼에 버터를 넣은 뒤 중탕한 물에 올리고 온도가 55~60℃가 되도록 중탕한다.

06.

반죽기에 달걀물을 넣고 아이보리색이 나고 굵은 선이 생길 때까지 고속으로 휘핑한다.

07.

저속으로 10~30초 정도 기공정리한다.

08.

큰 스텐볼에 반죽을 옮긴 뒤 체로 내린 가루재료를 넣고 주걱으로 뒤집어엎듯이 섞는다.

09.

중탕한 버터에 반죽의 1/4을 넣고 섞어 희생반죽을 만든다.

10.

희생반죽을 본반죽에 넣고 섞는다.

11.

반죽 온도와 비중을 체크한다.

12.

준비된 틀에 60%씩 채운다.

〔 **TIP** 〕 '반죽 총량/4=나온 값'의 근사치로
팬닝한다.

13.

테이블에 행주를 깔고 그 위에 반죽을
채운 틀을 두 손으로 잡고 '탕, 탕, 탕' 3
번 정도 쳐서 기포를 정리한다.

14.

예열한 오븐에 넣고 30~35분 정도 구
워준다.

15.

익으면 틀에서 바로 분리하여 종이를
떼어낸다.

16.

유산지를 깐 타공팬에 옮겨서 제출한다.

★ ★★ ★

제품 평가

4개의 제품의 크기와 색깔이 다 균일해야 한다.

바닥면을 잘랐을 때 덩어리진 가루가 없어야 한다.

적절한 비중으로 반죽이 되어야 제품의 높이와 잘랐을 때의
내상이 적절하다.

버터 스펀지 케이크(별립법)

BUTTER SPONGE CAKE

요 구 사 항	❶ 배합표의 각 재료를 계량하여 재료별로 진열하시오(8분).	❹ 반죽의 비중을 측정하시오.
	❷ 반죽은 별립법으로 제조하시오.	❺ 제시한 팬에 알맞도록 분할하시오.
	❸ 반죽 온도는 23℃를 표준으로 하시오.	❻ 반죽은 전량을 사용하여 성형하시오.

배합표

재료명	비율(%)	무게(g)
박력분	100	600
설탕(A)	60	360
설탕(B)	60	360
달걀	150	900
소금	1.5	9(8)
베이킹파우더	1	6
바닐라향	0.5	3(2)
용해버터	25	150
계	398	2,388(2,386)

지급재료 목록

재료명	규격	수량	비고
밀가루	박력분	660g	1인용
설탕	정백당	790g	1인용
달걀	60g(껍데기 포함)	19개	1인용
소금	정제염	10g	1인용
베이킹파우더	제과제빵용	7g	1인용
바닐라향	분말	4g	1인용
버터	무염	165g	1인용
식용유	대두유	50ml	1인용
위생지	식품용(8절지)	10장	1인용
제품상자	제품포장용	1개	5인 공용
얼음	식용	200g	1인용(겨울철 제외)

× POINT ×

○ 노른자와 흰자를 분리할 때 주의해주세요.

○ 종이재단을 해주세요(3호 사이즈 4개).

○ 버터는 55~60℃가 되도록 중탕으로 녹여주세요.

○ 비중은 0.45~0.55로 나와야 해요(비중=(반죽 무게-컵 무게)/(물 무게-컵 무게)).

○ 오븐은 윗불 180℃, 아랫불 150℃로 예열해주세요.

○ 오븐에서 나온 뒤 바로 틀에서 분리하지 않으면 제품이 쭈글쭈글해지니 주의해주세요.

01.

재료계량을 한다.

〔 TIP 〕 감독위원이 지정하는 볼, 종이를 사용해서 재료를 계량한다.

02.

종이재단을 한다.

03.

가루재료(박력분, 베이킹파우더, 바닐라향)를 체로 내린 후 볼에 담는다.

04.

달걀은 노른자와 흰자로 분리한다.

05.

노른자, 설탕(A), 소금을 볼에 넣고 아이보리색이 될 때까지 손으로 휘핑한다.

06.

기계로 흰자 머랭을 90% 올린다.

06-1.

흰자 거품이 30%일 때(맥주 거품처럼 보일 때) 설탕을 1/3 넣는다.

06-2.

흰자 거품이 60%일 때(클렌징폼 거품처럼 보일 때) 설탕을 1/3 넣는다.

06-3.

흰자 거품이 80%일 때(생크림 거품처럼 보일 때) 설탕을 1/3 넣는다.

[**TIP**] 90% 머랭은 머랭을 들었을 때 머랭 뿔이 살짝 휘는 정도이다.

07.

노른자 반죽에 머랭을 1/2 넣고 섞는다.

08.

체로 내린 가루재료를 넣고 섞는다.

09.
볼에 버터를 넣고 중탕한 후 반죽 1/4을 넣은 뒤 섞어서 희생반죽을 만든다. 희생반죽을 본반죽에 넣고 섞는다.

10.
나머지 머랭을 넣고 섞는다.

11.
반죽 온도와 비중을 체크한다.

12.
준비된 틀에 반죽을 60%씩 넣고 테이블에 행주를 깐 뒤 그 위에 틀을 두 손으로 잡고 '탕, 탕, 탕' 3번 정도 쳐서 기포를 정리한다.

13.
예열한 오븐에 넣은 후 30~35분 정도 구워준다.

14.
구운 뒤 바로 종이를 떼어내고 유산지를 깐 타공팬에 옮겨 제출한다.

★ ★ ★

제 품 평 가

4개의 제품의 크기와 색깔이 모두 균일해야 한다.

바닥면을 잘랐을 때 덩어리진 가루가 없어야 한다.

적절한 비중으로 반죽이 되어야 제품의 높이와 잘랐을 때의 내상이 적절하다.

머랭이 90%로 제대로 되어야 제품도 균등하다.

1 : 50
hrs   min

Exam Time

제 과
0 5

브라우니

BROWNIE

요 구
사 항

❶ 배합표의 각 재료를 계량하여 재료별로 진열하시오(9분).

❷ 브라우니는 수작업으로 반죽하시오.

❸ 버터와 초콜릿을 함께 녹여서 넣는 1단계 변형반죽법으로 하시오.

❹ 반죽 온도는 27℃를 표준으로 하시오.

❺ 반죽은 전량을 사용하여 성형하시오.

❻ 3호 원형팬 2개에 팬닝하시오.

❼ 호두의 반은 반죽에 사용하고 나머지 반은 토핑하며, 속과 윗면에 골고루 분포되게 하시오(호두는 구워서 사용).

배합표

재료명	비율(%)	무게(g)
중력분	100	300
달걀	120	360
설탕	130	390
소금	2	6
버터	50	150
다크초콜릿(커버춰)	150	450
코코아파우더	10	30
바닐라향	2	6
호두	50	150
계	614	1,842

지급재료 목록

재료명	규격	수량	비고
밀가루	중력분	330g	1인용
달걀	60g(껍데기 포함)	7개	1인용
설탕	정백당	400g	1인용
소금	정제염	8g	1인용
버터	무염	160g	1인용
호두분태	제과용	160g	1인용
코코아파우더	제과용	40g	1인용
다크초콜릿(커버춰)	제과용	500g	1인용
바닐라향	분말	7g	1인용
위생지	식품용(8절지)	6장	1인용
제품상자	제품포장용	1개	5인 공용
부탄가스	가정용(220g)	1개	5인 공용
얼음	식용	200g	1인용(겨울철 제외)

× POINT ×

○ 1단계 변형반죽법을 사용하세요.

○ 손으로 반죽해주세요.

○ 겨울에는 반죽이 쉽게 단단해질 수 있으니 주의하세요.

○ 호두는 구워서 사용하는데, 5분 이상 굽지 마세요.

○ 오븐은 윗불 180℃, 아랫불 150℃로 예열해주세요.

○ 3호 원형틀 2개 분량입니다.

○ 종이재단을 해주세요.

01.

재료계량을 한다.

〔 **TIP** 〕 감독위원이 지정하는 볼, 종이를 사용해서 재료를 계량한다.

02.

종이재단을 한다.

03.

가루재료(중력분, 코코아파우더, 바닐라향)를 체로 내린 후 볼에 담는다.

04.

호두를 굽는다.

05.

볼에 버터와 초콜릿을 넣고 중탕하여 43℃로 맞춘다.

06.

다른 볼에 달걀, 소금, 설탕을 넣은 뒤 거품이 나지 않도록 풀어준다.

07.

푼 달걀에 중탕한 초콜릿과 버터를 넣고 하나의 반죽이 되도록 섞어준다.

08.

체로 내린 가루재료를 넣고 섞어준다.

09.

구운 호두의 반을 넣고 섞어준다.

10.

반죽이 완성되면 2개의 틀에 균등하게
부어준다.

11.

남은 호두를 균등하게 올린다.

12.

예열한 오븐에 넣고 35~40분 정도 구워준다.

13.

종이를 떼고 유산지를 깐 냉각판에 올려서 제출한다.

⭐ ⭐ ⭐

제 품 평 가

호두를 구워서 사용하기 때문에 처음에 많이 구워버리면 나중에 제품을 구울 때
호두가 타버린다. 호두가 타지 않도록 주의한다.

반죽을 균등하게 부으려면 반죽 총량/2를 하여 근사치 값으로 팬닝한다.

브라우니 표면에 호두가 균등하게 올라가 있어야 한다.

브라우니를 잘랐을 때 빈 공간이 있으면 안 된다.

브라우니 바닥면이 평평해야 한다.

다쿠와즈

DACQUOISE

**요 구
사 항**

❶ 배합표의 각 재료를 계량하여 재료별로 진열하시오(5분).

❷ 머랭을 사용하는 반죽을 만드시오.

❸ 표피가 갈라지는 다쿠와즈를 만드시오.

❹ 다쿠와즈 2개를 크림으로 샌드하여 1조의 제품으로
완성하시오.

❺ 반죽은 전량을 사용하여 성형하시오.

반죽

배합표

재료명	비율(%)	무게(g)
달걀흰자	100	330
설탕	30	99(98)
아몬드분말	60	198
분당	50	165(164)
박력분	16	54
계	256	846(844)

충전물(충전용 재료는 계량 시간에서 제외)

재료명	비율(%)	무게(g)
버터크림(샌드용)	66	218

지급재료 목록

재료명	규격	수량	비고
밀가루	박력분	60g	1인용
달걀	60g(껍데기 포함)	10개	1인용
설탕	정백당	110g	1인용
아몬드분말	제과용	220g	1인용
분당	제과제빵용(전분 5% 정도 포함)	180g	1인용
버터크림	샌드용	240g	1인용
식용유	대두유	20ml	1인용
위생지	식품용(8절지)	10장	1인용
부탄가스	가정용(220g)	1개	5인 공용
제품상자	제품포장용	1개	5인 공용
얼음	식용	200g	1인용(겨울철 제외)

× POINT ×

○ 머랭은 손 또는 기계로 만들어주세요.

○ 테프론시트를 사용해야 편리해요.

○ 스크래퍼로 반죽을 긁을 때 1~2회로 끝내주세요.

○ 오븐은 윗불 170℃, 아랫불 160℃로 예열해주세요.

○ 프렌치 머랭 100%로 만들어주세요.

○ 분당은 설탕 95%, 전분 5%가 포함되어 있는 슈가파우더를 사용해주세요.

01.

재료계량을 한다.

〔 **TIP** 〕 감독위원이 지정하는 볼, 종이를 사용해서 재료를 계량한다.

02.

틀과 테프론시트를 준비한다.

03.

가루재료(아몬드분말, 분당, 박력분)를 체에 3번 내린 뒤 볼에 담는다.

04.

달걀은 흰자와 노른자를 분리한다. 이 때 흰자에 노른자가 절대로 들어가지 않도록 한다.

05.

기계로 흰자에 거품을 만든 후 설탕을 나눠가며 넣어 100% 머랭을 만든다.

05-1.

흰자 거품 30%일 때(맥주 거품처럼 보일 때) 설탕을 1/3 넣는다.

05-2.

흰자 거품 60%일 때(클렌징폼 거품처럼 보일 때) 설탕을 1/3 넣는다.

05-3.

흰자 거품 80%일 때(생크림 거품처럼 보일 때) 설탕을 1/3 넣는다.

〔 **TIP** 〕 100% 머랭은 윤기가 흐르며 스텐볼을 뒤집었을 때 떨어지지 않고 뾰족한 뿔이 형성되어 있다.

06.
체로 내린 가루재료에 머랭을 1/2 넣고 섞는다.

07.
머랭이 보이지 않을 때쯤 나머지 머랭을 넣고 섞는다.

{ TIP } 머랭을 너무 많이 섞으면 갈라질 수 있다. 날가루가 보이지 않을 때까지 섞으면 된다.

08.
틀에 반죽을 80%씩 짜 넣고 스크래퍼로 1~2회만 긁어준다.

09.
틀을 분리한 후 분당을 뿌린다.

10.
예열한 오븐에 넣고 20~25분 동안 굽는다.

11.
식힌 뒤 지급받은 크림으로 샌드 2개를 붙인다.

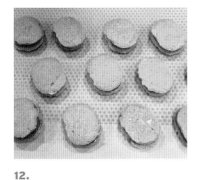

12.
유산지를 깐 타공팬에 옮겨서 제출한다.

⭐ ⭐ ⭐
제 품 평 가

100% 머랭을 제대로 올려서 작업해야 퍼짐이 덜하다.

굽고 난 제품의 윗면에 크랙이 나야 한다.

낱개(50개)의 제품을 짝 맞춰 총 25개의 제품이 나와야 한다.

퍼짐 없이 타원형 모양의 제품이어야 한다.

흑미 롤 케이크(공립법)

BLACK RICE ROLL CAKE

**요 구
사 항**

❶ 배합표이 가 재료를 계량하여 재료별로 진열하시오(7분).

❷ 반죽은 공립법으로 제조하시오.

❸ 반죽 온도는 25℃를 표준으로 하시오.

❹ 반죽이 비중을 측정하시오.

❺ 제시한 팬에 알맞도록 분할하시오.

❻ 반죽은 전량을 사용하여 성형하시오(시트의 밑면이 윗면이
되게 정형하시오).

반죽

재료명	비율(%)	무게(g)
박력쌀가루	80	240
흑미쌀가루	20	60
설탕	100	300
달걀	155	465
소금	0.8	2.4(2)
베이킹파우더	0.8	2.4(2)
우유	60	180
계	416.6	1,249.8(1,249)

배합표

충전물(충전용 재료는 계량 시간에서 제외)

재료명	비율(%)	무게(g)
생크림	60	150

재료명	규격	수량	비고
박력쌀가루	박력쌀가루(제과제빵용)	260g	1인용
흑미쌀가루	100% 흑미(제과제빵용)	66g	1인용
달걀	60g(껍데기 포함)	11개	1인용
설탕	정백당	330g	1인용
소금	정제염	3g	1인용
베이킹파우더	제과제빵용	3g	1인용
우유	시유	200ml	1인용
생크림	생크림(식물성)	165ml	1인용
위생지	식품용(8절지)	3장	1인용
제품상자	제품포장용	1개	5인 공용

지급재료
목록

× POINT ×

○ 더운 공립법(43~50℃)으로 만들어주세요.

○ 시트를 적당히 식혀 바르는 생크림이 녹지 않도록 해주세요.

○ 바르는 생크림은 롤 케이크 겉면에 발라서 말아주세요(시트의 밑면이 윗면이 되도록 하기 위함).

○ 비중은 0.45~0.55가 나와야 해요(비중=(반죽무게-컵무게)/(물무게-컵무게)).

○ 오븐은 윗불 180℃, 아랫불 160℃으로 예열해주세요.

○ 구운 후 밀대와 젖은 면포를 이용해서 말아주세요(면포가 없다면 유산지(노루지)를 사용해서 말아주세요).

01.

재료계량을 한다.

〔 **TIP** 〕 감독위원이 지정하는 볼, 종이를 사용해서 재료를 계량한다.

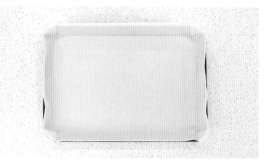

02.

높은 오븐팬에 종이재단을 한다.

03.

가루재료(박력쌀가루, 흑미쌀가루, 베이킹피우더)를 체로 내린 뒤 볼에 담는다.

04.

스텐볼에 달걀을 먼저 푼 후 설탕과 소금을 넣어 섞은 다음 따뜻한 물에 올리고 거품기로 섞으며 중탕한다(온도는 43~50℃).

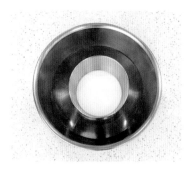

05.

우유는 차가우면 중탕했던 물에 올려 미지근하게 만든다.

06.

중탕한 달걀물을 반죽기에 넣고 아이보리색이 나고 굵은 선이 생길 때까지 고속으로 휘핑한다(저속으로 10~30초 성노 기낑성리 낄수).

07.

반죽을 큰 스텐볼에 옮겨서 가루재료를 넣고 주걱으로 뒤집어엎듯이 섞는다(가루가 보이지 않을 정도로).

제과 07. 흑미 롤 케이크(공립법)

08.

우유에 본 반죽의 1/4을 넣어서 희생반죽을 만든다.

09.

희생반죽을 다시 본반죽에 넣고 부드럽게 섞는다.

10.

비중(0.45~0.55)과 반죽 온도(25℃)를 체크한다.

11.

틀에 팬닝하여 스크래퍼로 넓고 평평하게 해준 후 탭핑을
통해 기공을 정리한다.

12.

예열한 오븐에 넣고 15분정도 구워준다.

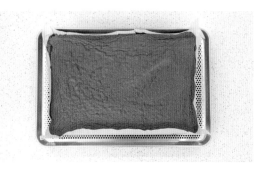

13.

구워진 제품을 타공팬에 옮겨서 충분히 식힌다(바르는 생크림이 녹지않을 정도로만 식힌다. 완전히 식히면 롤케이크를 말아줄 때 시트가 찢어진다).

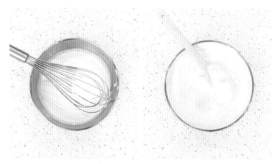

14.

시트가 식는 동안 바르는 생크림을 단단하게 휘핑한다.

15.

구운 면이 위로 올라오도록 시트를 2번 뒤집어 젖은 면포 위에 올린다.

16.

생크림을 골고루 발라준다.

17.

밀대를 사용하여 말아준다.

18.
유산지를 깐 타공팬에 조심히 옮긴 뒤 제출한다.

⭐ ⭐ ⭐

제품 평가

롤 케이크 표면에 반죽떡짐이 없어야 하며 기공이
균일해야 한다.

표면에 찢어짐이 없어야 한다.

롤 케이크 굵기가 똑같아야 한다.

구움색이 균일해야 한다.

생크림이 녹아 흐르거나, 한쪽에 몰려있지 않아야 한다.

시퐁 케이크(시퐁법)

CHIFFON CAKE

**요 구
사 항**

❶ 배합표의 각 재료를 계량하여 재료별로 진열하시오(8분).

❷ 반죽은 시퐁법으로 제조하고 비중을 측정하시오.

❸ 반죽 온도는 23℃를 표준으로 하시오.

❹ 시퐁팬을 사용하여 반죽을 분할하고 구우시오.

❺ 반죽은 전량을 사용하여 성형하시오.

재료명	비율(%)	무게(g)
박력분	100	400
설탕(A)	65	260
설탕(B)	65	260
달걀	150	600
소금	1.5	6
베이킹파우더	2.5	10
식용유	40	160
물	30	120
계	454	1,816

지급재료 목록

재료명	규격	수량	비고
밀가루	박력분	500g	1인용
설탕	정백당	600g	1인용
달걀	60g(껍데기 포함)	16개	1인용
베이킹파우더	제과제빵용	14g	1인용
소금	정제염	8g	1인용
식용유	대두유	270ml	1인용
위생지	식품용(8절지)	10장	1인용
제품상자	제품포장용	1개	5인 공용
얼음	식용	200g	1인용(겨울철 제외)

× POINT ×

○ 시퐁법으로 반죽해주세요.

○ 2호 시퐁틀 4개 분량입니다.

○ 노른자와 흰자 분리 시 주의하세요.

○ 오븐은 윗불 180℃, 아랫불 170℃로 예열해주세요.

○ 머랭은 프렌치머랭 90%로 만들어주세요.

○ 제품은 구운 뒤 빠르게 식혀야 시간 안에 제출할 수 있어요.

○ 비중은 0.4~0.5로 나와야 해요(비중=(반죽 무게-컵 무게)/(물 무게-컵 무게)).

01.

재료계량을 한다.

〔 **TIP** 〕 감독위원이 지정하는 볼, 종이를 사용해서 재료를 계량한다.

02.

분무기로 물을 뿌려 틀을 코팅한 뒤 뒤집어놓는다.

03.

가루재료(박력분, 베이킹파우더)는 체로 내린 뒤 볼에 담는다.

04.

다른 볼에 노른자, 설탕(A), 소금을 넣고 섞어서 아이보리색이 나도록 휘핑한다.

05.

식용유를 넣고 섞은 뒤 다시 물을 넣고 섞어서 설탕을 완전히 녹인다.

06.

체로 내린 가루재료를 넣고 섞는다.

07.

기계로 흰자 머랭을 90%로 올린다.

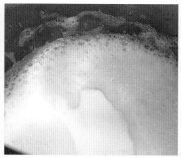

07-1.

흰자 거품 30%일 때(맥주 거품처럼 보일 때) 설탕(B)을 1/3 넣는다.

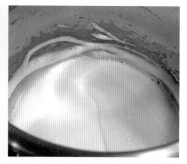

07-2.

흰자 거품 60%일 때(클렌징폼 거품처럼 보일 때) 설탕(B)을 1/3 넣는다.

07-3.

흰자 거품 80%일 때(생크림 거품처럼 보일 때) 설탕(B)을 1/3 넣는다.

〔 **TIP** 〕 90% 머랭은 머랭을 들었을 때 머랭 뿔이 살짝 휘는 정도이다.

08.

노른자 반죽에 머랭을 2~3회 나눠 넣으며 섞는다.

09.

반죽 온도와 비중을 체크한다.

10.

반죽을 4개의 틀에 균등하게 부어준다.

11.

머랭을 제대로 섞기 위해 젓가락으로 섞어주거나 기공정리
(틀 쇼크 주기)를 한다.

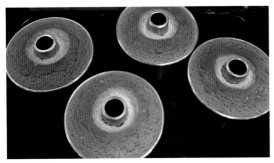

12.

예열한 오븐에 넣고 30~40분 정도 구워준다.

13.

틀을 뒤집은 뒤 차갑게 젖은 행주를 올려 식힌다. 행주를 계
속 갈아주며 빠르게 식힌다.

14.

식은 뒤 틀에서 분리한 후 유산지를 깐 타공팬에 정리하여
제출한다.

★ ★ ★

제 품 평 가

———

제품 4개의 높이가 모두 맞아야 한다.

제품 옆면에 뜯어진 자국이 있으면 안 된다.

제품의 꺼짐이 없어야 한다.

반을 잘랐을 때 머랭 때문에 동굴이 파져 있으면 안 된다.

————

마데라(컵) 케이크

MADEIRA(CUP) CAKE

요 구 사 항		
❶ 배합표의 각 재료를 계량하여 재료별로 진열하시오(9분).		❹ 반죽은 분할하여 주어진 팬에 알맞은 양으로 팬닝하시오.
❷ 반죽은 크림법으로 제조하시오.		❺ 적포도주 퐁당을 1회 바르시오.
❸ 반죽 온도는 24℃를 표준으로 하시오.		❻ 반죽은 전량을 사용하여 성형하시오.

반죽

재료명	비율(%)	무게(g)
박력분	100	400
버터	85	340
설탕	80	320
소금	1	4
달걀	85	340
베이킹파우더	2.5	10
건포도	25	100
호두	10	40
적포도주	30	120
계	418.5	1,674

충전물(충전용 재료는 계량 시간에서 제외)

재료명	비율(%)	무게(g)
분당	20	80
적포도주	5	20

배합표

지급재료 목록

재료명	규격	수량	비고
밀가루	박력분	440g	1인용
버터	무염	370g	1인용
설탕	정백당	350g	1인용
소금	정제염	5g	1인용
달걀	60g(껍데기 포함)	7개	1인용
건포도	제과제빵용	110g	1인용
호두분태	제과용	44g	1인용
베이킹파우더	제과제빵용	11g	1인용
적포도주	제과제빵용	160ml	1인용
분당	제과제빵용(전분 5% 정도 포함)	100g	1인용
유산지컵	제과제빵용	40개	1인용
위생지	식품용(8절)	10장	1인용
제품상자	제품포장용	1개	5인 공용
얼음	식용	200g	1인용(겨울철 제외)

× POINT ×

○ 크림법으로 만들어주세요.

○ 기계 또는 손 반죽 가능해요.

○ 건포도는 흐르는 물에 한 번 씻은 뒤 포도주에 담가놓는 전처리를 해주세요.

○ 구운 머핀의 높이(크기)는 24개가 다 같아야 해요.

○ 오븐은 윗불 180℃, 아랫불 170℃로 예열해주세요.

○ 충전용 재료는 계량 시간에서 제외하니 나중에 계량해서 준비해주세요.

○ 분당은 설탕 95%, 전분 5%가 포함되어 있는 슈가파우더를 사용해주세요.

01.

재료계량을 한다.

〔 **TIP** 〕 감독위원이 지정하는 볼, 종이를 사용해서 재료를 계량한다.

02.

준비된 틀에 유산지를 깔아준다.

03.

건포도와 호두는 전처리한 후 적포도주에 넣는다.

04.

가루재료(박력분, 베이킹파우더)는 체로 내린 뒤 볼에 담는다.

05.

다른 볼에 버터를 넣고 부드럽게 푼다.

〔 **TIP** 〕 겨울에는 버터가 딱딱해서 잘 안 풀릴 수도 있다. 이때는 중탕하여 살짝 녹이며 풀어준다.

06.

버터에 설탕과 소금을 넣고 섞는다. 이때 설탕 알갱이가 아주 작고 크림처럼 뽀얗게 변할 때까지 크림화한다.

07.

달걀은 5번 정도 나눠 넣어가며 섞는다. ·

〔 **TIP** 〕 크림화에 자신이 없다면 노른자를 먼저 넣고 흰자는 조금씩 나눠가며 섞는다. 노른자에는 레시틴이라는 유화 역할을 해주는 성분이 있어 분리가 나는 것을 방지해준다.

08.

체로 내린 가루재료를 넣고 주걱으로 자르듯이 섞는다.

09.

적포도주에 담가놓은 건포도와 호두는 건진 뒤 박력분(계량 외 재료)을 6~7테이블스푼 정도 뿌려서 버무린다. 이때 걸러낸 적포도주는 따로 담아둔다.

10.

반죽에 건포도와 호두를 넣고 섞는다.

11.

반죽에 적포도주를 넣고 섞은 후 온도를 잰다.

12.

짤주머니에 반죽을 넣고 틀에 70%를 팬닝한다.

〔 **TIP** 〕 처음에 50%를 맞춰주고 남은 반죽으로 20%를 더 짜서 70%로 맞춘다.

13.

예열한 오븐에 넣고 25~30분 정도 구워준다.

14.

구워지는 동안 분당과 적포도주를 섞어 퐁당을 제조한다.

15.

제품이 구워졌으면 제조한 퐁당을 남김없이 전체적으로 발라준다.

16.

전원을 내린 오븐에 다시 제품을 넣은 뒤 3~5분 정도 건조한다.

17.

유산지를 깐 냉각판에 정리해서 제출한다.

★ ★ ★

제 품 평 가

제품의 높이는 24개가 다 맞아야 한다.

반죽이 익지 않으면 평가 기준에 부합하지 못한다.

제품을 반 잘랐을 때 건포도와 호두는 골고루 분포해야 한다.

크림화할 때 반죽이 분리가 나지 않도록 해야 한다.

24개의 반죽에 퐁당이 고루 발려야 하며 건조를 시켜 퐁당이 하얗게 되어야 한다.

버터 쿠키

BUTTER COOKIES

요 구
사 항

❶ 배합표의 각 재료를 계량하여 재료별로 진열하시오(6분).

❷ 반죽은 크림법으로 수작업하시오.

❸ 반죽 온도는 22℃를 표준으로 하시오.

❹ 별모양 깍지를 끼운 짤주머니를 사용하여 2가지 모양짜기를 하시오(8자모양, 장미모양).

❺ 반죽은 전량을 사용하여 성형하시오.

배합표

재료명	비율(%)	무게(g)
박력분	100	400
버터	70	280
설탕	50	200
소금	1	4
달걀	30	120
바닐라향	0.5	2
계	251.5	1,006

**지급재료
목록**

재료명	규격	수량	비고
밀가루	박력분	440g	1인용
설탕	정백당	220g	1인용
버터	무염	310g	1인용
소금	정제염	5g	1인용
바닐라향	분말	3g	1인용
달걀	60g(껍데기 포함)	3개	1인용
위생지	식품용(8절)	10장	1인용
부탄가스	가정용(220g)	1개	5인 공용
제품상자	제품포장용	1개	5인 공용
얼음	식용	200g	1인용(겨울철 제외)

× POINT ×

○ 크림법으로 만들어주세요.

○ 손으로 반죽해주세요.

○ 2개의 오븐팬에 1팬씩 같은 모양으로 팬닝해주세요.

○ 별모양 깍지로 2가지 모양(장미모양, 8자모양)을 만들어주세요.

○ 오븐은 윗불 180℃, 아랫불 150℃로 예열해주세요.

○ 크림화를 많이 해서 설탕을 충분히 녹여야 오븐에서 퍼지지 않아요.

01.

재료계량을 한다.

〔 **TIP** 〕 감독위원이 지정하는 볼, 종이를 사용해서 재료를 계량한다.

02.

가루재료(박력분, 바닐라향)는 체로 내려 볼에 담는다.

03.

다른 볼에 버터를 넣고 부드럽게 풀어준다.

〔 **TIP** 〕 겨울에는 버터가 딱딱해서 잘 안 풀릴 수도 있다. 이때는 중탕하여 살짝 녹이며 풀어준다.

04.

버터에 설탕과 소금을 넣고 섞는다. 이때 설탕 알갱이가 아주 작고 크림처럼 뽀얗게 변할 때까지 크림화한다.

05.

달걀은 3번에 나눠 넣어가며 섞는다.

〔 **TIP** 〕 크림화에 자신이 없다면 노른자를 먼저 넣고 흰자는 조금씩 나눠가며 섞는다. 노른자에는 레시틴이라는 유화 역할을 해주는 성분이 있어 분리가 나는 것을 방지해준다.

06.

체로 내린 가루재료를 넣고 주걱으로 자르듯이 섞는다.

07.

별모양 깍지를 끼운 짤주머니에 반죽을 적당히 넣고 한 판에
는 8자모양으로 짠다. 이때 가로는 7~8개, 세로는 4~5줄씩,
그리고 반죽 팬닝 사이 간격은 2cm 정도로 맞춰가며 짠다.

〔 TIP 〕 8자모양은 S의 반대 방향으로 짜면 된다.

08.

다른 한 판에는 장미모양으로 짠다. 이때 가로는 7~8개, 세
로는 4~5줄씩, 그리고 반죽 팬닝 사이 간격은 2cm 정도로
맞춰가며 짠다.

〔 TIP 〕 장미모양은 달팽이를 그리듯 원을 2바퀴 돌리며 짠다.

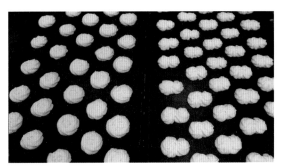

09.

실온에서 20분 정도 건조시킨 뒤 예열한 오븐에 넣고 15분
정도 구워준다.

〔 TIP 〕 시간이 부족하다면 실온 건조는 생략한다.

10.

충분히 식힌 뒤 유산지를 깐 타공팬에 스크래퍼로 쿠키를
옮겨 모양별로 진열하여 제출한다.

제 품 평 가

모양별로 결이 선명하게 드러나야 한다.

쿠키의 두께와 크기가 일정해야 한다.

가운데는 희고 가장자리만 색이 나서는 안 된다.

똑같은 색을 유지해야 한다.

2 : 30
hrs   min

Exam Time

제 과
11

치즈 케이크
CHEESE CAKE

요 구 사 항

❶ 배합표의 각 재료를 계량하여 재료별로 진열하시오(9분)

❷ 반죽은 별립법으로 제조하시오.

❸ 반죽 온도는 20℃를 표준으로 하시오.

❹ 반죽의 비중을 측정하시오.

❺ 제시한 팬에 알맞도록 분할하시오.

❻ 굽기는 중탕으로 하시오.

❼ 반죽은 전량을 사용하시오.

배합표

재료명	비율(%)	무게(g)
중력분	100	80
버터	100	80
설탕(A)	100	80
설탕(B)	100	80
달걀	300	240
크림치즈	500	400
우유	162.5	130
럼주	12.5	10
레몬주스	25	20
계	1,400	1,120

지급재료 목록

재료명	규격	수량	비고
밀가루	중력분	88g	1인용
버터	무염	160g	1인용
설탕	정백당	250g	1인용
달걀	60g(껍데기 포함)	5개	1인용
크림치즈	제과제빵용	440g	1인용
우유	시유	138ml	1인용
럼주	제과제빵용	11ml	1인용
레몬주스	제과제빵용	22ml	1인용
위생지	식품용(8절지)	2장	1인용
제품상자	제품포장용	1개	5인 공용
얼음	식용	200g	1인용(겨울철 제외)

× POINT ×

◎ 별립법과 크림법으로 만들어주세요.

◎ 흰자와 노른자를 분리할 때 주의해주세요.

◎ 흰자의 양이 얼마되지 않기 때문에 손으로 80% 머랭을 올려주세요.

◎ 치즈 케이크틀(비중컵) 24개 분량이며 틀에 코팅을 해야 해요.

◎ 오븐은 윗불 150℃, 아랫불 150℃로 예열해주세요.

◎ 비중은 0.65~0.75로 나와야 해요(비중=(반죽 무게-컵 무게)/(물 무게-컵 무게)).

◎ 중탕법으로 구워야 하니 안전에 유의하세요.

01.

재료계량을 한다.

〔 **TIP** 〕 감독위원이 지정하는 볼, 종이를 사용해서 재료를 계량한다.

02.

계량 외 재료인 버터를 치즈 케이크틀에 바른 후 설탕을 묻혀 틀을 코팅한다.

03.

가루재료(중력분)를 체로 내린 후 볼에 담는다.

04.

달걀은 흰자와 노른자를 분리한다.

05.

스텐볼에 크림치즈를 넣고 중탕하여 부드럽게 풀어준다.

06.

버터를 넣고 부드럽게 섞는다.

07.

설탕(A)을 넣고 섞은 후 노른자를 넣고 섞는다.

08.

체로 내린 가루재료를 넣고 섞는다.

09.

우유를 조금씩 넣어가며 섞는다.

10.

손으로 흰자 머랭을 80% 올린다.

10-1.

흰자 거품이 30%일 때(맥주 거품처럼 보일 때) 설탕(B)을
1/3 넣는다.

10-2.

흰자 거품이 60%일 때(클렌징폼 거품처럼 보일 때) 설탕
(B)을 1/3 넣는다.

10-3.
흰자 거품이 80%일 때(생크림 거품처럼 보일 때) 설탕(B)
을 1/3 넣는다.

〔 **TIP** 〕 80% 머랭은 머랭에 윤기가 돌고 지나간 흔적은 생기지만 들
었을 때 축 처지는 정도이다.

11.
럼주와 레몬주스를 섞은 뒤 크림치즈 반죽에 넣어가며 섞
는다.

12.
머랭의 1/2을 반죽에 넣고 부드럽게 섞은 후 나머지 머랭도
넣고 섞는다.

13.
반죽 온도와 비중을 체크한다.

14.
반죽을 치즈 케이크틀에 나누어 담고 높은 오븐팬에 틀을
올린 후 틀의 1/4 정도가 잠기도록 물을 채운다. 예열한 오
븐에 넣고 50~60분 정도 구워준다.

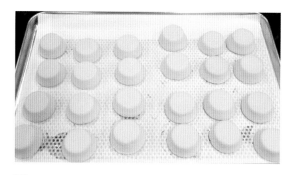

15.

유산지를 깐 타공팬에 옮긴 뒤 제출한다.

★ ★ ★

제 품 평 가

제품의 윗면이 진한 갈색을 띠면 안 된다.

머랭을 100% 올리면 제품의 윗면이 갈라질 수 있으니
주의한다.

제품이 가라앉음이 심하면 안 된다(비중이 맞게 나와야 한다).

2 : 20
hrs   min

Exam Time

제 과
1 2

타르트

TARTE

요 구
사 항

❶ 배합표의 반죽용 재료를 계량하여 재료별로 진열하시오(5분).
(충전물·토핑 등의 재료는 휴지시간을 활용하시오.)

❷ 반죽은 크림법으로 제조하시오.

❸ 반죽 온도는 20℃를 표준으로 하시오.

❹ 반죽은 냉장고에서 20~30분 정도 휴지하시오.

❺ 두께 3mm 정도로 밀어 펴서 팬에 맞게 성형하시오.

❻ 아몬드크림을 제조해서 팬(10~12cm) 용적의 60~70% 정도 충전하시오.

❼ 아몬드슬라이스를 윗면에 고르게 잔시하시오.

❽ 8개를 성형하시오.

❾ 광택제로 제품을 완성하시오.

배합표

반죽

재료명	비율(%)	무게(g)
박력분	100	400
달걀	25	100
설탕	26	104
버터	40	160
소금	0.5	2
계	191.5	766

충전물

재료명	비율(%)	무게(g)
아몬드분말	100	250
설탕	90	226
버터	100	250
달걀	65	162
브랜디	12	30
계	367	918

광택제

재료명	비율(%)	무게(g)
에프리코트혼당	100	150
물	40	60
계	140	210

토핑

재료명	비율(%)	무게(g)
아몬드슬라이스	66.6	100

지급재료 목록

재료명	규격	수량	비고
밀가루	박력분	500g	1인용
달걀	60g(껍데기 포함)	7개	1인용
설탕	정백당	350g	1인용
소금	정제염	5g	1인용
버터	무염	450g	1인용
아몬드분말	제과제빵용	300g	1인용
브랜디	제과용(500g)	35g	1인용
아몬드슬라이스	제과용	110g	1인용
에프리코트혼당	제과용	160g	1인용
부탄가스	가정용(220g)	1개	5인 공용
위생지	식품용(8절지)	10장	1인용
제품상자	제품포장용	1개	5인 공용
얼음	식용	200g	1인용(겨울철 제외)

× POINT ×

○ 반죽과 충전물 모두 크림법으로 만들어주세요.
○ 타르트틀 8개 분량입니다.
○ 반죽의 크림화를 과하게 하면 질어질 수 있으니 주의해주세요.

○ 오븐은 윗불 180℃, 아랫불 180℃로 예열해주세요.
○ 광택제는 제품이 구워져 나오면 바로 끓인 뒤 발라주세요.

01.

재료계량을 한다.

〔 **TIP** 〕 감독위원이 지정하는 볼, 종이를 사용해서 재료를 계량한다.

02.

가루재료(박력분)는 체로 내린 후 볼에 담는다.

03.

다른 볼에 버터를 넣고 부드럽게 푼 뒤 소금과 설탕을 넣어 크림화한다.

04.

달걀은 3번 정도에 나눠 넣으며 섞는다.

05.

체로 내린 가루재료를 넣고 주걱으로 섞는다.

06.

비닐에 반죽을 넣고 밀대로 밀어 편 뒤 냉장고에 넣어 20~30분 동안 휴지한다.

07.

충전용 재료를 정확히 계량한다.

08.

충전용 재료는 크림법으로 제조하되 브랜디는 가루재료를 다 섞은 후 넣는다.

09.

냉장휴지가 끝난 반죽은 8등분한다.

10.

반죽은 박력분(계량 외 재료)을 뿌려가
며 밀대를 이용하여 0.3cm 두께로 밀
고 성형한 후 바닥에 포크질을 한다.

11.

충전물(아몬드크림)을 60~70% 정도 채
우고 아몬드슬라이스를 골고루 뿌린다.

12.

예열한 오븐에 넣고 30~35분 동안 구
워준다.

13.

에프리코트혼당에 물을 조금씩 넣어가
며 덩어리가 생기지 않도록 섞어서 광
택제를 만든다.

14.

타르트가 다 구워지면 광택제를 약중
간불로 보글보글 끓인다.

15.

틀에서 분리한 타르트에 광택제를 골
고루 바른다.

16.

유산지를 깐 타공팬에 타르트를 옮긴 뒤
제출한다.

제 품 평 가

제품의 높이와 색이 모두 균일해야 한다.

광택제가 매끄럽게 발라져 있어야 한다.

타르트 가장자리의 테두리 두께는 모두 같아야 하며 바닥면을
봤을 때 평평해야 한다.

마드레느

MADELEINE

**요 구
사 항**

❶ 배합표이 각 재료를 계량하여 재료별로 진열하시오(7분).

❷ 마드레느는 수작업으로 하시오.

❸ 버터를 녹여서 넣는 1단계 변형반죽법을 사용하시오.

❹ 반죽 온도는 24℃를 표준으로 하시오.

❺ 실온에서 휴지시키시오.

❻ 제시된 팬에 알맞은 반죽량을 넣으시오.

❼ 반죽은 전량을 사용하여 성형하시오.

배합표

재료명	비율(%)	무게(g)
박력분	100	400
베이킹파우더	2	8
설탕	100	400
달걀	100	400
레몬껍질	1	4
소금	0.5	2
버터	100	400
계	403.5	1,614

지급재료 목록

재료명	규격	수량	비고
밀가루	박력분	440g	1인용
베이킹파우더	제과제빵용	9g	1인용
설탕	정백당	440g	1인용
달걀	60g(껍데기 포함)	8개	1인용
레몬껍질	생레몬피(레몬제스트)	5g	1인용
소금	정제염	3g	1인용
버터	무염	440g	1인용
식용유	대두유	20ml	1인용
위생지	식품용(8절지)	2장	1인용
제품상자	제품포장용	1개	5인 공용
얼음	식용	200g	1인용(겨울철 제외)

× POINT ×

◯ 1단계 변형반죽법을 사용하세요.

◯ 손으로 반죽해주세요.

◯ 반죽은 30분 이상 휴지시켜주세요.

◯ 틀에 반죽을 가득 채우면 안 돼요.

◯ 오븐은 윗불 170℃, 아랫불 180℃로 예열해주세요.

◯ 사용하고 남은 반죽은 감독위원에게 제출해주세요.

01.

재료계량을 한다.

〔 **TIP** 〕 감독위원이 지정하는 볼, 종이를 사용해서 재료를 계량한다.

02.

가루재료(박력분, 베이킹파우더)는 체로 내려 볼에 담은 후 설탕과 소금을 넣고 섞는다.

03.

버터는 중탕하여 온도를 30℃로 맞춘다.

04.

레몬은 전처리 후 강판에 간다. 강판이 없으면 칼로 노란 부분만 잘라서 다진다.

〔 **TIP** 〕 레몬의 흰 부분이 들어가면 쓴맛이 날 수 있다.

05.

달걀은 거품이 나지 않게 살살 풀어준다.

06.

가루재료에 푼 달걀을 넣고 섞는다.

07.

녹인 버터의 온도를 확인한 후 반죽에 섞는다.

08.

레몬껍질을 넣고 섞는다.

09.

반죽 온도를 잰 후 30분 이상 휴지한다.

〔 TIP 〕 여름에는 냉장휴지, 겨울에는 실온휴지를 한다.

10.

휴지하는 동안 틀에 버터를 바른 후 체로 내린 박력분을 뿌리고 한 번 털어준다.

〔 TIP 〕 틀 코팅에 사용하는 버터와 박력분은 계량 외 재료이다.

11.

휴지가 끝난 반죽을 짤주머니에 넣고 틀에 60~70% 팬닝한 뒤 예열한 오븐에 넣고 20~25분 동안 구워준다.

〔 TIP 〕 갈색이 아닌 금빛이 나게 구워준다.

12.

유산지를 깐 냉각판에 정리해서 제출한다.

★ ★ ★

제 품 평 가

────────

제품은 갈색이 아닌 금빛이 나야 한다.

마드레느의 배꼽 부분은 나와 있어야 한다.

제품 표면에 뜯긴 흔적이 없어야 하고 기포 자국이 남아 있으면 안 된다.

반죽을 적당량 짜서 구워야 제품 옆구리가 삐져나오지 않고 조개모양을 유지한다.

────────

제 과
1 4

과일 케이크

FRUIT CAKE

**요 구
사 항**

❶ 배합표의 각 재료를 계량하여 재료별로 진열하시오(13분).

❷ 반죽은 별립법으로 제조하시오.

❸ 반죽 온도는 23℃를 표준으로 하시오.

❹ 제시한 팬에 알맞도록 분할하시오.

❺ 반죽은 전량을 사용하여 성형하시오.

재료명	비율(%)	무게(g)
박력분	100	500
설탕	90	450
마가린	55	275(276)
달걀	100	500
우유	18	90
베이킹파우더	1	5(4)
소금	1.5	7.5(8)
건포도	15	75(76)
체리	30	150
호두	20	100
오렌지필	13	65(66)
럼주	16	80
바닐라향	0.4	2
계	459.9	2,299.5(2,300~2,302)

재료명	규격	수량	비고
밀가루	박력분	550g	1인용
설탕	정백당	490g	1인용
마가린	제과제빵용	300g	1인용
달걀	60g(껍데기 포함)	11개	1인용
우유	시유	100ml	1인용
베이킹파우더	제과제빵용	6g	1인용
소금	정제염	9g	1인용
건포도	제과제빵용	80g	1인용
체리(병)	제과용	170g	1인용
호두분태	깐 것	110g	1인용
오렌지필	제과용	75g	1인용
럼주	제과제빵용	90ml	1인용
바닐라향	분말	3g	1인용
식용유	대두유	50ml	1인용
위생지	식품용(8절)	10장	1인용
제품상자	제품포장용	1개	5인 공용
얼음	식용	200g	1인용(겨울철 제외)

× POINT ×

◯ 크림법과 별립법으로 반죽하세요.

◯ 호두는 구워서 전처리하는 게 좋아요(5분 이상 굽지 않기).

◯ 체리는 4등분하고, 건포도는 흐르는 물에 씻어 사용하세요.

◯ 틀에 알맞은 종이재단을 해주세요(3호 원형 2개 또는 파운드틀 4개).

◯ 오븐은 윗불 180℃, 아랫불 170℃로 예열해주세요.

◯ 흰자와 노른자를 분리할 때 주의해주세요.

01.

재료계량을 한다.

〔 TIP 〕 감독위원이 지정하는 볼, 종이를 사용해서 재료를 계량한다.

02.

종이재단을 한다.

03.

가루재료(박력분, 베이킹파우더, 바닐라향)는 체로 내린 후
볼에 담는다.

04.

호두는 구워서 따로 두고 물에 씻은 건포도와 4등분한 체
리, 그리고 오렌지필을 럼주에 넣어 절인다.

05.

달걀은 노른자와 흰자를 분리하고 설탕은 4:6으로 나눠 담
아둔다.

〔 TIP 〕 설탕의 40%는 크림화에, 60%는 머랭에 사용한다

06.

마가린을 부드럽게 풀어서 소금과 설탕(40%)을 넣고 섞어
크림화한다.

07.

노른자를 나눠 넣으며 섞어 크림화한다.

08.

기계로 흰자 머랭을 90%로 올린다. 이 때 분리해놓은 설탕(60%)을 사용한다.

08-1.

흰자 거품이 30%일 때(맥주 거품처럼 보일 때) 설탕을 1/3 넣는다.

08-2.

흰자 거품 60%일 때(클렌징폼 거품처럼 보일 때) 설탕을 1/3 넣는다.

08-3.

흰자 거품 80%일 때(생크림 거품처럼 보일 때) 설탕을 1/3 넣는다.

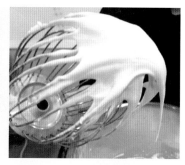

[**TIP**] 90% 머랭은 머랭을 들었을 때 머랭 뿔이 살짝 휘는 정도이다.

09.

럼주에 절여놓은 과일재료를 체로 거르고 호두와 섞은 뒤 밀가루(계량 외 재료) 6테이블스푼을 넣고 버무린다.

10.

크림화한 반죽에 밀가루로 버무린 과일재료를 넣고 주걱으로 섞는다.

11.

머랭의 1/2을 넣고 섞는다.

12.

체로 내린 가루재료를 넣고 섞는다.

13.

우유와 럼주를 넣고 섞은 뒤 나머지 머랭도 넣고 섞는다.

14.

반죽 온도를 재고 종이재단한 틀에 60%씩 팬닝한다.

15.

윗면을 평평하게 하고 예열한 오븐에 넣어 35~40분 동안 구워준다.

16.

구운 뒤 종이는 떼어내고 유산지를 깐 타공팬에 옮긴 뒤 제출한다.

★ ★ ★

제 품 평 가

제품을 잘랐을 때 과일재료들이 바닥에 가라앉아 있으면
안 된다.

제품의 높이가 모두 맞아야 한다.

초코 머핀(초코 컵케이크)
CHOCOLATE MUFFIN(CHOCOLATE CUPCAKE)

**요 구
사 항**

❶ 배합표의 각 재료를 계량하여 재료별로 진열하시오(11분).

❷ 반죽은 크림법으로 제조하시오.

❸ 반죽 온도는 24℃를 표준으로 하시오.

❹ 초코칩은 제품의 내부에 골고루 분포되게 하시오.

❺ 반죽은 분할하여 주어진 팬에 알맞은 양으로 팬닝하시오.

❻ 반죽은 전량을 사용하여 성형하시오.

재료명	비율(%)	무게(g)
박력분	100	500
설탕	60	300
버터	60	300
달걀	60	300
소금	1	5(4)
베이킹소다	0.4	2
베이킹파우더	1.6	8
코코아파우더	12	60
물	35	175(174)
탈지분유	6	30
초코칩	36	180
계	372	1,860(1,858)

지급재료 목록

재료명	규격	수량	비고
밀가루	박력분	550g	1인용
설탕	정백당	330g	1인용
버터	무염	330g	1인용
달걀	60g(껍데기 포함)	7개	1인용
소금	정제염	8g	1인용
베이킹소다	제과용	3g	1인용
베이킹파우더	제과용	10g	1인용
코코아파우더	제과용	70g	1인용
탈지분유	제과제빵용	40g	1인용
초코칩	제과용	200g	1인용
머핀종이	식품용(머핀종이)	30개	1인용
위생지	식품용(8절지)	4장	1인용
제품상자	제품포장용	1개	5인 공용
얼음	식용	200g	1인용(겨울철 제외)

× POINT ×

○ 크림법으로 만들어주세요.

○ 기계 또는 손 반죽 가능해요.

○ 가루를 다 섞은 다음 물을 섞으면 잘 섞이지 않으니 가루가 80% 정도 섞였을 때 물을 넣어주세요.

○ 초코칩은 반죽 안과 겉에 골고루 분포할 수 있게 해주세요.

○ 구운 머핀의 높이(크기)는 24개가 다 같아야 해요.

○ 오븐은 윗불 180℃, 아랫불 160℃로 예열해주세요.

01.

재료계량을 한다.

〔 **TIP** 〕 감독위원이 지정하는 볼, 종이를 사용해서 재료를 계량한다.

02.

준비된 틀에 유산지를 깔아준다.

03.

가루재료(박력분, 베이킹소다, 베이킹 파우더, 코코아파우더, 탈지분유)를 체로 내린 후 볼에 담는다.

04.

버터를 부드럽게 푼다.

〔 **TIP** 〕 겨울이라 버터가 딱딱하면 중탕으로 살짝 녹이며 풀어준다.

05.

버터에 설탕과 소금을 넣고 설탕 알갱이가 작고 크림처럼 뽀얗게 변할 때까지 크림화한다.

06.

달걀은 5번 정도 나눠 넣어가며 섞는다.

〔 **TIP** 〕 크림화에 자신이 없다면 노른자를 먼저 넣고 흰자는 조금씩 나눠가며 섞는다. 노른자에는 레시틴이라는 유화 역할을 해주는 성분이 있어 분리가 나는 것을 방지해준다.

07.

체로 내린 가루재료를 넣고 주걱으로 자르듯이 섞는다.

08.

가루가 어느 정도 섞이면 물을 넣고 섞는다.

제과 15. 초코 머핀(초코 컵케이크)

09.

계량한 초코칩의 반만 넣고 섞는다.

10.

반죽 온도를 재고 짤주머니에 반죽을 넣는다.

11.

틀에 팬닝한다. 이때 처음에는 50%로 맞춰 짜고, 남은 반죽으로 20% 더 짜서 70%를 맞춘다.

12.

남은 초코칩을 윗면에 균등하게 뿌린다.

13.

예열한 오븐에 넣고 20~25분 동안 구워준다.

[**TIP**] 윗면을 만졌을 때 단단할 때까지 구워준다.

14.

유산지를 깐 냉각판에 정리해서 제출한다.

⭐ ⭐ ⭐
제 품 평 가

제품의 높이는 24개가 다 맞아야 한다.

반죽이 익지 않으면 평가 기준에 부합하지 못한다.

초코칩이 균등하게 나와 있어야 한다.

크림화할 때 반죽이 분리가 나지 않게 해야 한다.

초코 롤 케이크

CHOCOLATE ROLL CAKE

**요 구
사 항**

❶ 배합표의 각 재료를 계량하여 재료별로 진열하시오(7분).

❷ 반죽은 공립법으로 제조하시오.

❸ 반죽 온도는 24℃를 표준으로 하시오.

❹ 반죽의 비중을 측정하시오.

❺ 제시한 철판에 알맞도록 팬닝하시오.

❻ 반죽은 전량을 사용하시오.

❼ 충전용 재료는 가나슈를 만들어 제품에 전량 사용하시오.

❽ 시트를 구운 윗면에 가나슈를 바르고, 원형이 잘 유지되도록 말아 제품을 완성하시오(반대 방향으로 롤을 말면 성형 및 제품평가 해당항목 감점).

반죽

배합표

재료명	비율(%)	무게(g)
박력분	100	168
달걀	285	480
설탕	128	216
코코아파우더	21	36
베이킹소다	1	2
물	7	12
우유	17	30
계	559	944

충전물(충전용 재료는 계량 시간에서 제외)

재료명	비율(%)	무게(g)
다크커버츄어	119	200
생크림	119	200
럼	12	20

지급재료 목록

재료명	규격	수량	비고
밀가루	박력분	180g	1인용
설탕	정백당	230g	1인용
우유	시유	40g	1인용
달걀	60g(껍데기 포함)	10개	1인용
코코아파우더	제과용	40g	1인용
베이킹소다	제과제빵용	4g	1인용
다크커버츄어	제과제빵용	220g	1인용
생크림	제과제빵용	220g	1인용
럼	제과제빵용	30g	1인용
위생지	식품용(8절지)	10장	1인용
얼음	식용	200g	1인용(겨울철 제외)

× POINT ×

○ 더운 공립법(43~50℃)으로 만들어주세요.

○ 가나슈를 먼저 만들어주세요

○ 가나슈는 롤 케이크의 겉면에 발라서 말아야 해요.

○ 오븐은 윗불 190℃, 아랫불 150℃로 예열해주세요.

○ 비중은 0.45~0.55가 나와야 해요(비중=(반죽 무게-컵 무게)/ (물 무게-컵 무게)).

○ 구운 후 밀대와 젖은 면포를 이용해서 말아주세요(면포가 없다면 유산지(노루지)를 사용해서 말아주세요).

01.

재료계량을 한다.

〔 **TIP** 〕 감독위원이 지정하는 볼, 종이를 사용해서 재료를 계량한다.

02.

충전용 재료를 계량한다.

03.

생크림을 보글보글 끓인다.

〔 **TIP** 〕 센불로 끓이면 생크림이 타버릴 수 있으니 중약불로 끓인다.

04.

끓인 생크림을 초콜릿에 부은 후 30초 정도 가만히 두었다가 가운데부터 서서히 저으며 섞는다.

〔 **TIP** 〕 초콜릿 덩어리가 크면 다져서 사용한다.

05.

한 김 식힌 후 럼주를 넣고 섞어 가나슈를 완성한다.

06.

높은 오븐팬에 종이재단을 한다.

07.

가루재료(박력분, 코코아파우더, 베이킹소다)를 체로 내린 후 볼에 담는다.

08.

달걀을 푼 후 설탕을 넣고 섞어서 따뜻한 물에 중탕하여 온도를 43~50℃로 맞춘다. 이때 반드시 거품기로 섞으며 중탕한다.

〔 **TIP** 〕 섞지 않고 계속 중탕하면 달걀이 익으니 주의한다.

09.

물과 우유를 섞어놓는다. 차가우면 중탕했던 물에 올려놓고 미지근하게 만든다.

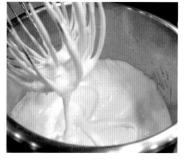

10.

반죽기에 중탕한 달걀을 넣고 아이보리색이나고 굵은 선이 생길 때까지 고속으로 휘핑한다.

11.
저속으로 10~30초 정도 기공정리한다.

12.
큰 스탠볼에 반죽을 옮긴 후 체로 내린 가루재료를 넣고 주걱으로 뒤집어엎듯이 섞는다.

13.
가루재료가 다 섞였다면 액체재료(물, 우유)에 본반죽 1/4을 넣어서 희생반죽을 만든다.

14.
희생반죽을 다시 본반죽에 넣고 부드럽게 섞는다.

15.
종이재단한 오븐팬에 팬닝하여 스크래퍼로 넓고 평평하게 펴준 후 예열한 오븐에 넣어서 13~15분 동안 구워준다.

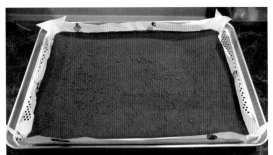

16.
익으면 타공팬에 옮겨서 한 김 식힌다.

17.
두 번 뒤집어서 면포 위에 올린다.

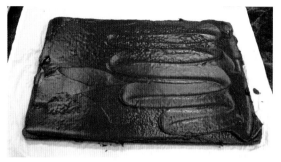

18.

적절한 되기의 가나슈를 발라준다.

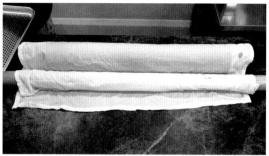

19.

밀대를 사용하여 말아준다.

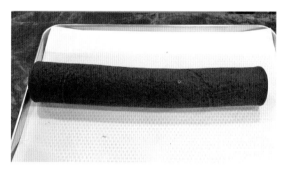

20.

유산지를 깐 타공팬에 한 줄로 진열하여 제출한다.

★ ★ ★

제 품   평 가

가나슈의 되기가 적절하여 새어나오거나 뭉치지 않아야 한다.

제품 표면에 뭉친 가루나 익은 달걀이 없어야 한다.

제품이 찢어지지 않고 균등한 크기여야 한다.

호두 파이

WALNUT PIE

**요 구
사 항**

❶ 껍질 재료를 계량하여 재료별로 진열하시오(7분).

❷ 껍질에 결이 있는 제품으로 제조하시오(손 반죽으로 하시오).

❸ 껍질 휴지는 냉장 온도에서 실시하시오.

❹ 충전물은 개인별로 각자 제조하시오(호두는 구워서 사용).

❺ 구운 후 충전물의 층이 선명하도록 제조하시오.

❻ 제시한 팬 7개에 맞는 껍질을 제조하시오(팬 크기가 다를 경우 크기에 따라 가감).

❼ 반죽은 전량을 사용하여 성형하시오.

껍질

재료명	비율(%)	무게(g)
중력분	100	400
노른자	10	40
소금	1.5	6
설탕	3	12
생크림	12	48
버터	40	160
물	25	100
계	191.5	766

충전물(충전용 재료는 계량 시간에서 제외)

재료명	비율(%)	무게(g)
호두	100	250
설탕	100	250
물엿	100	250
계피가루	1	2.5(2)
물	40	100
달걀	240	600
계	581	1,452.5(1,452)

배합표

지급재료 목록

재료명	규격	수량	비고
밀가루	중력분	440g	1인용
설탕	정백당	300g	1인용
소금	정제염	7g	1인용
버터	무염	170g	1인용
달걀	60g(껍데기 포함)	16개	1인용
계피가루	제과제빵용	4g	1인용
호두	제과용	275g	1인용
물엿	이온엿, 제과용	275g	1인용
생크림(국산)	제과용	55g	1인용
위생지	식품용(8절지)	10장	1인용
부탄가스	가정용(220g)	1개	5인 공용
제품상자	제품포장용	1개	5인 공용
얼음	식용	200g	1인용(겨울철 제외)

× POINT ×

○ 블렌딩법으로 파이지를 만들어주세요.

○ 호두 파이틀 7개 분량입니다.

○ 유지류가 녹아버리게 되면 제품의 완성도가 떨어지니 주의하세요.

○ 오븐은 윗불 170℃, 아랫불 180℃로 예열해주세요.

○ 호두를 구워서 사용해주세요. 단, 5분 이상 굽지 마세요.

○ 충전물을 끓여야 하니 안전에 유의하세요.

01.

재료계량을 한다.

〔 **TIP** 〕 감독위원이 지정하는 볼, 종이를 사용해서 재료를 계량한다.

02.

계량 외 재료인 버터와 중력분을 이용하여 파이틀을 코팅한다.

03.

가루재료(중력분)를 체로 내린 후 볼에 담는다.

04.

호두를 3~5분 정도 구워 전처리한다.

05.

찬물에 소금과 설탕을 넣고 섞어서 설탕을 녹인 후 달걀노른자와 생크림을 넣고 섞는다.

06.

체로 내린 가루재료에 버터를 넣고 스크래퍼로 밀가루에 유지를 피복시킨다.

〔 **TIP** 〕 버터가 콩알만 한 크기가 되두록 다진다

07.
반죽 가운데에 홈을 파서 섞어놓은 액체재료를 붓고 다지
듯 반죽하여 한 덩어리로 만든다.

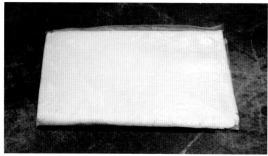

08.
반죽을 비닐로 감싸서 넓게 편 후 냉장고에 넣고 20~30분
휴지시킨다.

09.
충전용 재료를 계량한다.

10.
스텐볼에 설탕과 계피가루를 넣고 섞은 후 물을 넣어 섞고,
물엿을 넣고 섞는다. 55~60℃가 되도록 중탕한다.

11.
달걀은 거품이 나지 않게 풀어준 후 중
탕한 충전물에 달걀을 부어가며 섞는다.

12.
체로 걸러준 뒤 유산지를 덮어 기포를
제거하고 찬물에 올려서 충전물을 식
힌다.

13.
휴지된 반죽을 꺼내서 7등분한다.

14.

반죽은 0.3cm 두께로 밀어 틀에 알맞게 성형한 뒤 포크질
한다.

15.

호두를 각 반죽 위에 균등하게 올린다.

16.

액체재료도 균등하게 부은 후 숟가락으로 살짝 섞어준다.

17.

예열한 오븐에 넣고 30~35분 동안 구워준다.

18.

한 김 식힌 뒤 틀에서 분리하여 유산지를 깐 타공팬에 옮겨
제출한다.

★ ★ ★

제 품 평 가

———

7개의 제품 모두 색깔과 모양이 균일해야 한다.

단 한 개라도 부서지면 평가를 받지 못한다.

반 잘랐을 때 파이층, 달걀층, 호두층이 보여야 한다.

———

슈

CHOUX

요 구
사 항

❶ 배합표의 각 재료를 계량하여 재료별로 진열하시오(5분).

❷ 껍질 반죽은 수작업으로 하시오.

❸ 반죽은 직경 3cm 전후의 원형으로 짜시오.

❹ 커스터드크림을 껍질에 넣어 제품을 완성하시오.

❺ 반죽은 전량을 사용하여 성형하시오.

반죽

<table>
<tr><th>재료명</th><th>비율(%)</th><th>무게(g)</th></tr>
<tr><td>중력분</td><td>100</td><td>200</td></tr>
<tr><td>물</td><td>125</td><td>250</td></tr>
<tr><td>버터</td><td>100</td><td>200</td></tr>
<tr><td>소금</td><td>1</td><td>2</td></tr>
<tr><td>달걀</td><td>200</td><td>400</td></tr>
<tr><td>계</td><td>526</td><td>1,052</td></tr>
</table>

충전물(충전용 재료는 계량 시간에서 제외)

재료명	비율(%)	무게(g)
커스터드크림	500	1,000

배합표

재료명	규격	수량	비고
밀가루	중력분	280g	1인용
버터	무염	220g	1인용
소금	정제염	3g	1인용
달걀	60g(껍데기 포함)	9개	1인용
커스터드크림	커스터드파우더로 제조된 것	1,100g	1인용
식용유	대두유	50ml	1인용
위생지	식품용(8절지)	2장	1인용
부탄가스	가정용(220g)	1개	5인 공용
제품상자	제품포장용	1개	5인 공용
얼음	식용	200g	1인용(겨울철 제외)

지급재료 목록

× POINT ×

- 익반죽으로 만들어주세요.
- 손으로 반죽해주세요.
- 2개의 오븐팬에 직경 3cm 전후의 원형으로 짜주세요.
- 구울 때 색이 나기 전에는 절대 오븐 문을 열지 마세요.
- 오븐은 윗불 180℃, 아랫불 190℃로 예열해주세요.
- 안전을 위해서 장갑을 사용해야 해요.

01.

재료계량을 한다.

〔 **TIP** 〕 감독위원이 지정하는 볼, 종이를 사용해서 재료를 계량한다.

02.

가루재료(중력분)를 체로 내린 후 볼에 담는다.

03.

스텐볼에 물, 소금, 버터를 넣고 부르르 끓인다.

04.

불을 끈 뒤 체로 내린 가루재료를 넣고 섞는다.

05.

다시 불을 켜서 볶는다(전분 호화).

〔 **TIP** 〕 센볼로 볶으면 타기 때문에 중약볼로 볼을 조절한다.

06.

한 덩어리의 반죽이 되어 윤기가 흐르고 바닥면에 눌어붙은 막이 생길 때까지 볶는다.

07.

뜨겁지 않은 볼에 반죽을 옮기고 달걀은 4번 정도에 나눠 넣으며 섞는다.

08.

주걱으로 반죽을 들었을 때 뾰족한 모양 나올 때까지 되기를 조절한다.

09.

짤주머니에 반죽을 넣고 1cm 원형 깍지를 이용하여 크기는 3~3.5cm, 높이는 2cm 정두로 짠다 이때 2cm 간격을 두고 짠다.

10.

분무기에 물을 넣어 전체적으로 분무한 후 예열된 오븐에 넣고 15분 정도 구워준다. 그 후에 윗불 170℃, 아랫불 160℃로 온도를 바꿔서 10~15분 더 구워준다.

11.

제품의 갈라진 면이 갈색이 나도록 구워준다.

12.

식은 뒤 젓가락으로 슈의 밑바닥에 구멍을 뚫어주고 짤주머니를 이용해 지급받은 크림을 충전한다.

13.

유산지를 깐 타공팬에 옮긴 뒤 제출한다.

⭐ ⭐ ⭐

제 품 평 가

──────

제품의 크기가 모두 균등해야 한다.

터짐이 있어야 하고 터진 곳의 익힘색도 나야 한다.

지급받은 크림을 시간 안에 다 채워야 한다.

──────

파운드 케이크
POUND CAKE

**요 구
사 항**

❶ 배합표의 각 재료를 계량하여 재료별로 진열하시오(9분).

❷ 반죽은 크림법으로 제조하시오.

❸ 반죽 온도는 23℃를 표준으로 하시오.

❹ 반죽의 비중을 측정하시오.

❺ 윗면을 터뜨리는 제품을 만드시오.

❻ 반죽은 전량을 사용하여 성형하시오.

배합표

재료명	비율(%)	무게(g)
박력분	100	800
설탕	80	640
버터	80	640
유화제	2	16
소금	1	8
탈지분유	2	16
바닐라향	0.5	4
베이킹파우더	2	16
달걀	80	640
계	347.5	2,780

지급재료 목록

재료명	규격	수량	비고
밀가루	박력분	880g	1인용
설탕	정백당	700g	1인용
버터	무염	700g	1인용
유화제	제과제빵용	18g	1인용
소금	정제염	10g	1인용
탈지분유	제과제빵용	18g	1인용
바닐라향	분말	5g	1인용
베이킹파우더	제과제빵용	18g	1인용
달걀	60g(껍데기 포함)	15개	1인용
식용유	대두유	50ml	1인용
위생지	식품용(8절지)	10장	1인용
제품상자	제품포장용	1개	5인 공용
얼음	식용	200g	1인용(겨울철 제외)

× POINT ×

○ 크림법으로 반죽하세요.

○ 달걀 사용량이 많아 분리되기 쉬우니 주의하세요.

○ 굽는 도중 반죽에 칼집을 내야 하니 안전에 주의하세요.

○ 믹싱볼 벽면을 잘 긁어모으며 크림화해주세요.

○ 오븐은 윗불 200℃, 아랫불 180℃로 예열해주세요.

○ 파운드틀 4개에 종이재단을 해주세요.

○ 비중은 0.75~0.85로 나와야 해요(비중=(반죽 무게-컵 무게)/(물 무게-컵 무게)).

01.

재료계량을 한다.

〔 **TIP** 〕 감독위원이 지정하는 볼, 종이를 사용해서 재료를 계량한다.

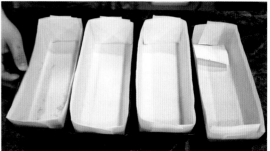

02.

종이재단을 한다.

03.

가루재료(박력분, 탈지분유, 바닐라향, 베이킹파우더)를 체로 내려 볼에 담는다.

04.

버터를 부드럽게 푼 후 설탕, 소금, 유화제를 넣고 섞어 크림화한다.

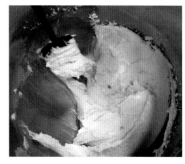

05.

벽면을 긁으며 크림화한다. 이때 볼의 바닥에 가라앉아 있는 반죽도 잘 긁어준다.

06.

달걀은 5~6번 정도 나눠가며 넣어 분리되지 않도록 섞는다.

07.

체로 내린 가루재료를 넣어 주걱으로 섞는다.

08.

반죽 온도와 비중을 체크한다.

제과 19. 파운드 케이크

09.

틀에 반죽을 70%씩 균등하게 배분하고 아치형으로 고르게 편다.

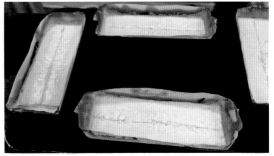

10.

예열한 오븐에 넣어 10~15분 정도 구운 뒤 식용유를 칠한 스패출러나 칼로 칼집을 낸다.

11.

다시 오븐에 넣고 윗불 170℃, 아랫불 160℃로 조절한 뒤 30~35분 정도 더 구워준다.

12.

구운 뒤 바로 틀과 분리하고 종이를 떼어낸 후 유산지를 깐 타공팬에 옮겨서 제출한다.

⭐ ⭐ ⭐

제 품 평 가

제품 4개의 높이가 다 맞아야 한다.

칼집 낸 곳으로 터짐이 균일해야 한다.

4개의 제품 모두 색이 같아야 한다.

젤리 롤 케이크(공립법)

JELLY ROLL CAKE

**요 구
사 항**

❶ 배합표의 각 재료를 계량하여 재료별로 진열하시오(8분).

❷ 반죽은 공립법으로 제조하시오.

❸ 반죽 온도는 23℃를 표준으로 하시오.

❹ 반죽의 비중을 측정하시오.

❺ 제시한 팬에 알맞도록 분할하시오.

❻ 반죽은 전량을 사용하여 성형하시오.

❼ 캐러멜 색소를 이용하여 무늬를 완성하시오(무늬를 완성하지 않으면 제품 껍질 평가 0점 처리).

반죽

재료명	비율(%)	무게(g)
박력분	100	400
설탕	130	520
달걀	170	680
소금	2	8
물엿	8	32
베이킹파우더	0.5	2
우유	20	80
바닐라향	1	4
계	431.5	1,726

배합표

충전물(충전용 재료는 계량 시간에서 제외)

재료명	비율(%)	무게(g)
잼	50	200

지급재료 목록

재료명	규격	수량	비고
밀가루	박력분	440g	1인용
설탕	정백당	570g	1인용
달걀	60g(껍데기 포함)	15개	1인용
소금	정제염	9g	1인용
물엿	이온엿, 제과용	35g	1인용
베이킹파우더	제과제빵용	3g	1인용
우유	시유	90g	1인용
캐러멜 색소	제과용	2g	1인용
잼	과일잼류	220g	1인용
바닐라향	분말	5g	1인용
식용유	대두유	50ml	1인용
위생지	식품용(8절지)	10장	1인용
제품상자	제품포장용	1개	5인 공용
얼음	식용	200g	1인용(겨울철 제외)

× POINT ×

○ 더운 공립법(43~50℃)으로 만들어주세요.

○ 중탕 시 달걀이 익지 않도록 주의하세요.

○ 종이재단을 해주세요.

○ 젤리 롤 케이크는 한 김 식힌 뒤 잼을 발라주세요.

○ 비중은 0.45~0.55로 나와야 해요(비중=(반죽 무게-컵 무게)/ (물 무게-컵 무게)).

○ 오븐은 윗불 180℃, 아랫불 150℃로 예열해주세요.

○ 구운 후 밀대와 젖은 면포를 이용해서 말아주세요(면포가 없다면 유산지(노루지)를 사용해서 말아주세요).

01.

재료계량을 한다.

〔 **TIP** 〕 감독위원이 지정하는 볼, 종이를 사용해서 재료를 계량한다.

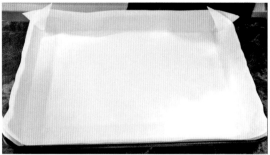

02.

높은 오븐팬에 종이재단을 한다.

03.

가루재료(박력분, 베이킹파우더, 바닐라향)를 체로 내린 뒤 볼에 담는다.

04.

스텐볼에 달걀, 소금, 설탕, 물엿을 넣고 섞은 후 따뜻한 물에 올리고 거품기로 섞으며 중탕한다. 온도는 43~50℃로 맞춘다.

〔 **TIP** 〕 섞지 않고 계속 중탕하면 달걀이 익으니 주의한다.

05.

우유는 차가우면 중탕했던 물에 올려 미지근하게 만든다.

06.

설탕과 물엿을 섞은 달걀물을 반죽기에 넣고 아이보리색이 나고 굵은 선이 생길 때까지 고속으로 휘핑한다.

07.

저속으로 10~30초 정도 기공정리한다.

08.

반죽을 큰 스텐볼에 옮겨서 체로 내린 가루재료를 넣고 주걱으로 뒤집어엎듯이 섞는다.

09.

가루재료가 다 섞였다면 우유에 본반죽의 1/4을 넣어서 희생반죽을 만든다.

10.

희생반죽을 다시 본반죽에 넣고 부드럽게 섞는다.

11.

반죽 온도와 비중을 체크한다.

12.

틀에 팬닝하여 스크래퍼로 넓고 평평하게 펴준다.

13.

비중을 쟀던 반죽에 캐러멜 색소를 소량 넣고 섞어서 갈색으로 만든다.

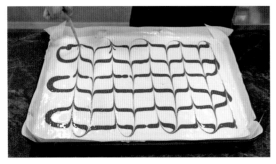

14.

짤주머니에 캐러멜 색소 반죽을 넣은 뒤 반죽 위에 3cm 간격으로 짜준 후 젓가락을 이용하여 무늬를 낸다. 예열한 오븐에 넣고 15~20분 동안 구워준다.

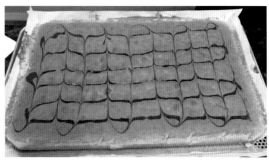

15.

구워진 제품을 타공팬에 옮겨서 한 김 식힌다.

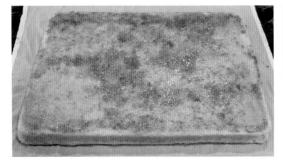

16.

젖은 면포 위에 제품을 뒤집어 올린 후 잼을 골고루 바른다.

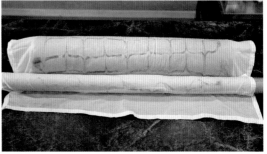

17.

밀대를 사용하여 말아준다.

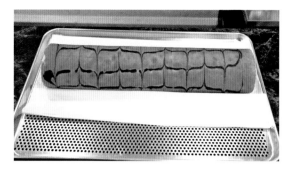

18.

유산지를 깐 타공팬에 조심히 옮긴 뒤 제출한다.

★ ★ ★

제품 평가

––––––––––

롤 케이크의 표면에 무늬가 균일하게 나 있어야 한다.

표면에 찢어짐이 없어야 한다.

롤 케이크의 굵기가 똑같아야 한다.

––––––––––

제 빵 기 능 사

식빵(비상스트레이트법)

WHITE PAN BREAD

요 구
사 항

❶ 배합표의 각 재료를 계량하여 재료별로 진열하시오(8분).

❷ 반죽은 비상스트레이트법으로 제조하시오.

❸ 반죽 온도는 30℃를 표준으로 하시오.

❹ 분할 무게는 170g으로 하고, 분할 무게×3을 1개의 식빵으로 제조하시오.

❺ 반죽은 전량을 사용하여 성형하시오.

배합표

재료명	비율(%)	무게(g)
강력분	100	1,200
물	63	756
이스트	5	60
제빵개량제	2	24
설탕	5	60
쇼트닝	4	48
탈지분유	3	36
소금	1.8	21.6(22)
계	183.8	2,205.6(2,206)

지급재료 목록

재료명	규격	수량	비고
밀가루	강력분	1,320g	1인용
설탕	정백당	70g	1인용
소금	정제염	30g	1인용
식용유	대두유	50ml	1인용
이스트	생이스트	65g	1인용
제빵개량제	제빵용	30g	1인용
쇼트닝	제과제빵용	55g	1인용
탈지분유	제과제빵용	45g	1인용
얼음	식용	200g	1인용(겨울철 제외)
위생지	식품용(8절지)	10장	1인용
제품상자	제품포장용	1개	5인 공용

× POINT ×

○ 성형 시 똑같은 힘과 크기, 방향으로 해야 균일하게 나와요.

○ 2차 발효 시 틀 위로 0.5cm 발효점을 잘 맞춰주세요.

○ 식빵틀 4개 분량이며 틀 코팅을 잘해야 해요.

○ 오븐은 윗불 170℃, 아랫불 190℃로 예열해주세요.

○ 봄과 가을은 미지근한 물, 여름은 얼음을 넣은 차가운 물, 겨울은 따뜻한 물을 사용해주세요.

○ 글루텐은 100~120%, 반죽 온도는 30℃로 맞춰주세요.

01.

재료계량을 한다.

〔 **TIP** 〕 감독위원이 지정하는 볼, 종이를 사용해서 재료를 계량한다.

02.

믹싱볼에 모든 재료를 넣고 1단으로 반죽한다. 단, 이스트, 설탕, 소금은 서로 만나지 않도록 떨어뜨려 넣는다.

03.

가루재료와 액체재료가 다 섞인 상태(클린업 단계)가 되면 2단으로 반죽한다. 2단에서 3~4분 정도 반죽하다가, 3단에서 4~5분 정도 반죽한다.

04.

글루텐(120%)을 체크한다. 최종 후기단계 후 반죽 온도(30℃)를 체크한다.

〔 **TIP** 〕 반죽 온도는 ±1℃까지는 점수 차감이 없다.

05.

발효실(온도 30℃, 습도 75~80%, 감독위원이 설정)에 반죽을 넣고 20~30분 정도 1차 발효한다.

06.

발효하는 동안 지급 재료 목록에 있는 식용유로 틀을 코팅한다.

07.

반죽의 부피가 2~3배 되었는지 체크한다.

〔 **TIP** 〕 손가락으로 반죽을 찔렀을 때 구멍이 그대로 남아 있는지 또는 반죽 밑면에 거미줄 그물망이 생겼는지 체크한다.

08.

170g으로 나누어 총 12덩어리를 만든다.

09.

둥글리기를 한 후 중간 발효(여름에는 5~10분, 겨울에는 10~20분)한다.

제빵 01. 식빵(비상스트레이트법)

10.

작업대에 소량의 덧가루를 뿌린다. 밀
대로 반죽을 밀고 3겹 접기 후 돌돌 말
아 식빵 모양을 만든다.

11.

식빵틀에 3개의 반죽을 나란히 넣고 손
등으로 반죽을 눌러준다.

12.

발효실(온도 38~40℃, 습도 85~90%,
감독위원이 설정)에 넣고 약 30분 동안
반죽이 틀 위로 0.5cm 정도 올라오도
록 2차 발효한다.

13.

예열한 오븐에 넣고 30~35분 정도 구워준다.

[**TIP**] 굽는 도중 오븐의 문을 열지 않는다. 찬 기운이 들어가면 식
빵의 모양이 주저앉을 수가 있기 때문이다.

14.

유산지를 깔아놓은 타공팬에 옮겨 제출한다. 이때 식빵의
옆구리가 찌그러지지 않도록 주의해서 옮긴다.

성 형 그 림

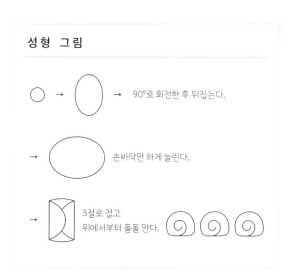

○ → (타원) → 90°로 회전한 후 뒤집는다.

→ (원) 손바닥만 하게 늘린다.

→ 3절로 접고
위에서부터 돌돌 만다. ◎ ◎ ◎

제 품 평 가

식빵의 구움색이 너무 연하지 않아야 한다.

식빵의 봉우리 3개의 높이가 다 맞아야 한다.

밑바닥이 채워져 있어야 한다.

옆구리가 찌그러져 있으면 안 된다.

옆면 터짐이 균일하게 나야 한다.

측면 달팽이 모양의 방향이 다 맞아야 한다.

제 빵
0 2

베이글

BAGEL

❶ 배합표의 각 재료를 계량하여 재료별로 진열하시오(7분).

❷ 반죽은 스트레이트법으로 제조하시오.

❸ 반죽 온도는 27℃를 표준으로 하시오.

❹ 1개당 분할 무게는 80g으로 하고 링모양으로 성형하시오.

❺ 반죽은 전량을 사용하여 성형하시오.

❻ 2차 발효 후 끓는 물에 데쳐 팬닝하시오.

❼ 팬 2개에 완제품 16개를 구워 제출하시오.

배합표

재료명	비율(%)	무게(g)
강력분	100	800
물	55~60	440~480
이스트	3	24
제빵개량제	1	8
소금	2	16
설탕	2	16
식용유	3	24
계	166~171	1,328~1,368

지급재료 목록

재료명	규격	수량	비고
밀가루	강력분	1,000g	1인용
설탕	정백당	20g	1인용
소금	정제염	25g	1인용
이스트	생이스트	35g	1인용
제빵개량제	제빵용	11g	1인용
식용유	대두유	35ml	1인용
위생지	식품용(8절지)	10장	1인용
제품상자	제품포장용	1개	5인 공용
얼음	식용	200g	1인용(겨울철 제외)

× POINT ×

◎ 성형 시 힘, 크기, 방향이 똑같아야 균일하게 나와요.

◎ 끓는 물에 데친 뒤 구워야 하니 안전에 주의하세요.

◎ 오븐팬은 2판을 사용합니다.

◎ 1차 발효를 하는 동안 유산지를 16등분으로 잘라주세요.

◎ 봄과 가을은 미지근한 물, 여름은 얼음을 넣은 차가운 물, 겨울은 따뜻한 물을 사용해주세요.

◎ 오븐은 윗불 220℃, 아랫불 180℃로 예열해주세요.

◎ 글루텐은 100%, 반죽 온도는 27℃로 맞춰주세요.

01.

재료계량을 한다.

〔 TIP 〕 감독위원이 지정하는 볼, 종이를 사용해서 재료를 계량한다.

02.

믹싱볼에 모든 재료를 넣고 1단으로 반죽한다. 단, 이스트, 설탕, 소금은 서로 만나지 않도록 떨어트려 넣는다.

03.

가루재료와 액체재료가 다 섞인 상태(클린업 단계)가 되면 2단으로 반죽한다. 2단에서 4분 정도 반죽하다가, 3단에서 2~3분 정도 반죽한다.

04.

글루텐(100%)을 체크한다. 최종 단계 후 반죽 온도(27℃)를 체크한다.

〔 TIP 〕 반죽 온도는 ±1℃까지는 점수 차감이 없다.

05.

발효실(온도 27℃, 습도 75~80%, 감독위원이 설정)에서 50~60분 동안 1차 발효한다.

06.

1차 발효하는 동안 유산지를 16등분한다.

07.

반죽 부피가 2~3배 되었는지 체크한다.

〔 TIP 〕 손가락으로 반죽을 찔렀을 때 구멍이 그대로 남아 있는지 또는 반죽 밑면에 거미줄 그물망이 생겼는지 체크한다.

08.

80g으로 나누어 총 16덩어리를 만든다.

09.

둥글리기를 한 후 중간 발효(여름에는 5~10분, 겨울에는 10~20분)한다.

10.

반죽을 23cm 정도로 길게 밀어서 한쪽 눌러 편 뒤 동그랗게 말아준다. 이때 가운데 구멍이 500원짜리 동전 크기인지 확인한다. 오븐팬에 유산지를 깔고 성형이 완료된 반죽을 올린다.

11.

발효실(온도 30~35℃, 습도 75~80%, 감독위원이 설정)에 넣고 약 20~30분 동안 2차 발효한다.

12.

2차 발효를 하는 동안 약 95℃로 물을 끓인다. 물이 팔팔 끓으면 약불로 따뜻하게 유지한다.

13.

2차 발효가 끝나면 유산지와 함께 반죽을 끓는 물(약 95℃)에 넣어서 앞뒤로 15초씩 데친 후 다시 팬닝한다.

14.

예열한 오븐에 넣고 20분 정도 구워준다. 이때 17분 정도 구웠을 때 오븐 체인지(오븐팬 자리 바꾸기)를 한다.

〔 **TIP** 〕 오븐 열이 골고루 닿지 않기에 균등한 구움색을 내기 위해 오븐팬의 자리를 바꾸는 것이 좋다. 색이 나기 전에는 절대 오븐 문을 열지 않는다.

15.

유산지를 깔아놓은 타공팬에 옮겨서 제출한다.

성 형 그 림

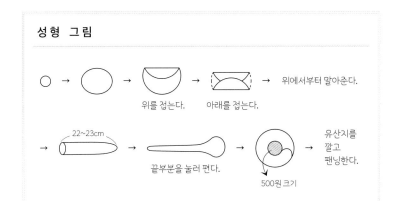

★ ★ ★
제 품 평 가

16개 제품의 외형 크기, 가운데 구멍의 크기, 구움색이 모두 같아야 한다.

반죽 표면이 매끄럽게 나와야 한다 (성형 시 강한 힘으로 밀게 되면 빵 표면에 갈라진 흔적이 남는다).

제 빵
03

통밀빵
WHOLE WHEAT BREAD

요 구 사 항	❶ 배합표의 각 재료를 계량하여 재료별로 진열하시오(10분).	❺ 제품의 형태는 밀대(봉)형(22~23cm)으로 제조하고 표면에 물을 발라 오트밀을 보기 좋게 적당히 묻히시오.
	❷ 반죽은 스트레이트법으로 제조하시오.	
	❸ 반죽 온도는 25℃를 표준으로 하시오.	❻ 완제품 8개를 제출하고 남은 반죽은 감독위원의 지시에 따르 시오.
	❹ 1개당 분할 무게는 200g으로 하시오.	

반죽

재료명	비율(%)	무게(g)
강력분	80	800
통밀가루	20	200
이스트	2.5	25(24)
제빵개량제	1	10
물	63~65	630~650, 반죽 상태에 따라 물의 양 조정
소금	1.5	15(14)
설탕	3	30
버터	7	70
탈지분유	2	20
몰트액	1.5	15(14)
계	181.5~183.5	1,812~1,835

배합표

충전물(충전용 재료는 계량 시간에서 제외)

재료명	비율(%)	무게(g)
(토핑용) 오트밀	-	200g

지급재료 목록

재료명	규격	수량	비고
밀가루	강력분	880g	1인용
통밀가루	제빵용	220g	1인용
이스트	생이스트	30g	1인용
제빵개량제	제빵용	15g	1인용
소금	정제염	20g	1인용
설탕	정백당	40g	1인용
버터	제과제빵용	80g	1인용
탈지분유	제과제빵용	30g	1인용
몰트액	식용	20g	1인용
오트밀	제과제빵용	220g	1인용
얼음	식용	200g	1인용(겨울철 제외)
위생지	식품용(8절지)	10장	1인용

× POINT ×

- 성형 시 힘, 크기, 방향이 똑같아야 균일하게 나와요.
- 반죽을 오래 치면 반죽이 질어져서 힘들어요.
- 오븐팬은 2팬을 준비해주세요.
- 오븐은 윗불 190℃, 아랫불 170℃로 예열해주세요.
- 글루텐은 80%, 반죽 온도는 25℃로 맞춰주세요.
- 봄과 가을은 미지근한 물, 여름은 얼음을 넣은 차가운 물, 겨울은 따뜻한 물을 사용해주세요.
- 오트밀을 전체적으로 묻혀주세요.
- 물 계량 시 여름에는 최소치를, 겨울에는 최대치를 맞춰주세요(항상 중간으로 맞춰도 됩니다).

01.

재료계량을 한다.

〔 **TIP** 〕 감독위원이 지정하는 볼, 종이를 사용해서 재료를 계량한다.

02.

믹싱볼에 모든 재료를 넣고 1단으로 반죽한다. 단, 이스트, 설탕, 소금은 서로 만나지 않도록 떨어트려 넣고, 물트액은 물에 섞어서 사용한다.

03.

가루재료와 액체재료가 다 섞인 상태(클린업 단계)가 되면 2단으로 반죽한다. 2단에서 4분 정도 반죽하다가, 3단에서 1~2분 정도 반죽한다.

04.

글루텐(80%)을 체크한다. 발전 단계후 반죽 온도(25℃)를 체크한다.

〔 **TIP** 〕 반죽 온도는 ±1℃까지는 점수 차감이 없다.

05.

발효실(온도 27℃, 습도 75~85%, 감독위원이 설정)에 넣고 60~70분 정도 1차 발효한다.

06.

반죽의 부피가 2~3배 되었는지 체크한다.

〔 **TIP** 〕 손가락으로 반죽을 찔렀을 때 구멍이 그대로 남아 있는지 또는 반죽 밑면에 거미줄 그물망이 생겼는지 체크한다.

07.

200g으로 나누어 총 8덩어리를 만들고 남은 반죽은 감독위원이 지시에 따른다

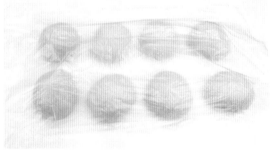

08.

둥글리기를 한 후 중간 발효(여름에는 5~10분, 겨울에는 10~20분)한다.

09.

덧가루와 밀대를 사용하여 밀대(봉형)
모양을 만든다.

10.

붓으로 반죽 윗면에 물을 칠하고 오트
밀을 묻힌 뒤 1팬에 반죽 4개를 팬닝
한다.

11.

발효실(온도 35℃, 습도 75~80%, 감
독위원이 설정)에서 약 30~40분 정도
2차 발효한다.

12.

예열한 오븐에 넣고 15~20분 정도 구워준다.

13.

유산지를 깔아놓은 타공팬에 옮겨서 제출한다.

성 형 그 림

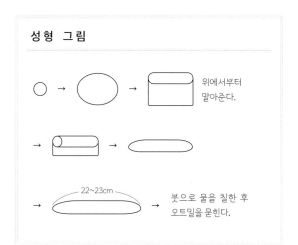

위에서부터
말아준다.

22~23cm

붓으로 물을 칠한 후
오트밀을 묻힌다.

⭐ ⭐ ⭐

제 품 평 가

오트밀이 전체적으로 골고루 붙어 있어야 한다.

옆구리가 터지면 안 된다.

제품 8개의 구움색과 길이(크기)는 일정해야 한다.

: 30

hrs min

Exam Time

제 빵
0 4

호밀빵

RYE BREAD

요 구
사 항

❶ 배합표의 각 재료를 계량하여 재료별로 진열하시오(10분).

❷ 반죽은 스트레이트법으로 제조하시오.

❸ 반죽 온도는 25℃를 표준으로 하시오.

❹ 분할 무게는 330g으로 하고 타원형(럭비공)으로 제조하며
칼집모양을 가운데에 일자로 내시오.

❺ 반죽은 전량을 사용하여 성형하시오.

배합표

재료명	비율(%)	무게(g)
강력분	70	770
호밀가루	30	330
이스트	3	33
제빵개량제	1	11(12)
물	60~65	660~715, 반죽 상태에 따라 물의 양 조정
소금	2	22
황설탕	3	33(34)
쇼트닝	5	55(56)
탈지분유	2	22
몰트액	2	22
계	178~183	1,958~2,016

지급재료 목록

재료명	규격	수량	비고
밀가루	강력분	800g	1인용
호밀가루	제빵용	350g	1인용
이스트	생이스트	40g	1인용
제빵개량제	제빵용	14g	1인용
소금	정제염	25g	1인용
황설탕	-	40g	1인용
쇼트닝	제과제빵용	60g	1인용
탈지분유	제과제빵용	25g	1인용
몰트액	제과제빵용	25g	1인용
식용유	대두유	50ml	1인용
얼음	식용	200g	1인용
위생지	식품용(8절지)	10장	1인용
제품상자	제품포장용	1개	5인 공용

× POINT ×

◎ 성형 시 힘, 크기, 방향이 똑같아야 균일하게 나와요.

◎ 반죽을 오래 치면 반죽이 질어져서 힘들어요.

◎ 오븐팬은 2팬을 준비해주세요.

◎ 오븐은 윗불 180℃, 아랫불 190℃로 예열해주세요.

◎ 글루텐은 80%, 반죽 온도는 25℃로 맞춰주세요.

◎ 봄과 가을은 미지근한 물, 여름은 얼음을 넣은 차가운 물, 겨울은 따뜻한 물을 사용해주세요.

◎ 칼집은 0.5~1cm 정도 깊이로 넣어주세요.

◎ 물 계량 시 여름에는 최소치를, 겨울에는 최대치를 맞춰주세요(항상 중간으로 맞춰도 됩니다).

01.

재료계량을 한다.

〔 **TIP** 〕 감독위원이 지정하는 볼, 종이를 사용해서 재료를 계량한다.

02.

믹싱볼에 모든 재료를 넣고 1단으로 반죽한다. 단, 이스트, 설탕, 소금은 서로 만나지 않도록 떨어트려 넣고, 물트액은 물에 섞어서 사용한다.

03.

가루재료와 액체재료가 다 섞인 상태(클린업 단계)가 되면 2단으로 반죽한다. 2단에서 4분 정도 반죽하다가, 3단에서 1~2분 정도 반죽한다.

04.

글루텐(80%)을 체크한다. 발전 단계 후 반죽 온도(25℃)를 체크한다.

〔 **TIP** 〕 반죽 온도는 ±1℃까지는 점수 차감이 없다.

05.

발효실(온도 27℃, 습도 75~85%, 감독위원이 설정)에 넣고 60~70분 정도 1차 발효한다.

06.

반죽의 부피가 2~3배 되었는지 체크한다.

〔 **TIP** 〕 손가락으로 반죽을 찔렀을 때 구멍이 그대로 남아 있는지 또는 반죽 밑면에 거미줄 그물망이 생겼는지 체크한다.

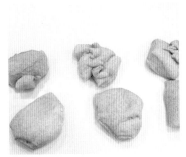

07.

330g으로 나누어 총 6덩어리를 만든다.

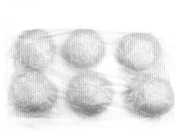

08.

둥글리기를 한 후 중간 발효(여름에는 5~10분, 겨울에는 10~20분)한다.

09.

작업대에 소량의 덧가루를 뿌린다. 밀대로 반죽을 밀고 타워형(럭비공)모양을 만든다.

10.

1팬에 반죽을 3개씩 올려 2팬에 팬닝한다.

11.

발효실(온도 32~35℃, 습도 85%, 감독위원이 설정)에 넣고 30~40분 정도 2차 발효한다.

12.

반죽 표면이 손에 달라붙지 않을 정도로 건조시킨 뒤 칼집을 넣고 반죽 전체에 물을 분무한다.

13.

예열한 오븐에 넣고 25~30분 정도 구워준다.

14.

유산지를 깔아놓은 타공팬에 옮겨 제출한다.

성 형 그 림

○ → 직각 필수 → → → 위에서부터 말아준다. → 25cm

제 품 평 가

호밀빵 옆구리가 터져서는 안 된다.

칼집이 너무 얕거나 깊어서도 안 된다.

타원형(럭비공)모양이 잘 잡혀야 한다.

소시지빵

KOREAN SAUSAGE BREAD

**요 구
사 항**

❶ 배합표의 각 재료를 계량하여 재료별로 진열하시오(10분).
  (토핑 및 충전물 재료의 계량은 휴지시간을 활용하시오.)

❷ 반죽은 스트레이트법으로 제조하시오.

❸ 반죽 온도는 27℃를 표준으로 하시오.

❹ 분할 무게는 70g으로 분할하시오.

❺ 완제품(토핑물 및 충전물 완성)은 12개를 제조하여 제출하고,
  남은 반죽은 감독위원의 지시에 따르시오.

❻ 충전물은 발효시간을 활용하여 제조하시오.

❼ 성형 모양은 낙엽모양 6개와 꽃잎모양 6개씩 2가지로 만들어서
  제출하시오.

반죽

재료명	비율(%)	무게(g)
강력분	80	560
중력분	20	140
생이스트	4	28
제빵개량제	1	6
소금	2	14
설탕	11	76
마가린	9	62
탈지분유	5	34
달걀	5	34
물	52	364
계	189	1,318

토핑 및 충전물(토핑 및 충전물은 계량 시간에서 제외)

재료명	비율(%)	무게(g)
프랑크소시지	100	480
양파	72	336
마요네즈	34	158
피자치즈	22	102
케첩	24	112
계	252	1,188

배합표

지급재료 목록

재료명	규격	수량	비고
밀가루	강력분	700g	1인용
밀가루	중력분	200g	1인용
설탕	정백당	100g	1인용
이스트	생이스트	32g	1인용
소금	정제염	20g	1인용
제빵개량제	제과제빵용	10g	1인용
마가린	제과제빵용	80g	1인용
탈지분유	제과제빵용	50g	1인용
달걀	60g(껍데기 포함)	1개	1인용
프랑크소시지	중량 40g, 길이 12cm	13개	1인용
양파	껍질이 제거된 것	400g	1인용
마요네즈	식품용	180g	1인용
피자치즈	모차렐라치즈	130g	1인용
케첩	식품용	140g	1인용
얼음	식용	200g	1인용(겨울철 제외)
위생지	식품용(8절지)	10장	1인용
제품상자	제품포장용	1개	5인 공용

× POINT ×

○ 양파를 손질해야 하니 안전에 유의하세요.

○ 양파와 마요네즈는 빵의 2차 발효가 끝날 때쯤 버무려주세요.

○ 빵 성형 시 가위를 사용해야 하니 안전에 유의하세요.

○ 오븐은 윗불 180℃, 아랫불 170℃로 예열해주세요.

○ 봄과 가을은 미지근한 물, 여름은 얼음을 넣은 차가운 물, 겨울은 따뜻한 물을 사용해주세요.

○ 글루텐은 100%, 반죽 온도는 27℃로 맞춰주세요.

○ 오븐팬은 총 2팬을 사용합니다.

01.

재료계량을 한다.

[**TIP**] 감독위원이 지정하는 볼, 종이를 사용해서 재료를 계량한다.

02.

믹싱볼에 모든 재료를 넣고 1단으로 반죽한다. 단, 이스트, 설탕, 소금은 서로 만나지 않도록 떨어트려 넣는다.

03.

가루재료와 액체재료가 다 섞인 상태 (클린업 단계)가 되면 2단으로 반죽한 다. 2단에서 4분 정도 반죽하다가, 3단 에서 3~4분 정도 반죽한다.

04.

글루텐(100%)을 체크한다. 최종 단계 후 반죽 온도(27℃)를 체크한다.

[**TIP**] 반죽 온도는 ±1℃까지 점수 차감이 없다.

05.

발효실(온도 27℃, 습도 75~80%, 감 독위원이 설정)에 넣고 30~40분 정도 1차 발효한다.

06.

발효하는 동안 토핑물의 재료를 계량한다.

07.

양파는 0.5cm 크기로 자르고 소시지는 물기를 제거한다.

08.

반죽의 부피가 2~3배 되었는지 체크한다.

〔 **TIP** 〕 손가락으로 반죽을 찔렀을 때 구멍이 그대로 남아 있는지 또는 반죽 밑면에 거미줄 그물망이 생겼는지 체크한다.

09.

70g으로 나누어 12덩어리를 만들고 남은 반죽은 감독위원의 지시에 따른다.

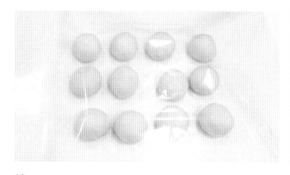

10.

둥글리기를 한 후 중간 발효(여름에는 5~10분, 겨울에는 10~20분)한다.

11.

빵 반죽으로 소시지를 감싼다.

12.

낙엽모양으로 6개를 만들고 한 팬에 올린다.

[**TIP**] 낙엽모양은 가위를 45°로 눕혀서 9~10번 가위질하여 만든다.

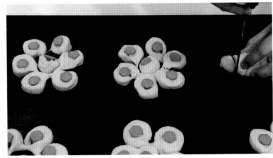

13.

꽃잎모양으로 6개를 만들고 나머지 팬에 올린다.

[**TIP**] 꽃잎모양은 가위를 직각으로 세워서 5~6번 가위질하여 만든다.

14.

발효실(온도 38~40℃, 습도 85~90%, 감독위원이 설정)에 넣고 20~30분 정도 2차 발효한다.

15.

양파는 마요네즈와 버무려서 반죽에 올리고 케첩을 뿌린 후 피자치즈를 올린다.

16.

예열한 오븐에 넣어 20~25분 동안 구워준다. 이때 17분 정도 구워준 후 오븐 체인지(오븐팬 자리 바꾸기)를 한다.

[**TIP**] 오븐 열이 골고루 닿지 않기에 균등한 구움색을 내기 위해 오븐팬의 자리를 바꾸는 것이 좋다. 색이 나기 전에는 절대 오븐 문을 열지 않는다.

17.

유산지를 깔아놓은 타공팬에 옮겨서 제출한다.

성형 그림

○ → ⬭ 소시지 길이만큼   → 〰️ 소시지
          늘인다.

→ ⬭ 낙엽모양 : ▯ 가위를 눕혀서 4/5 길이만큼 9~10번 가위질하고
    감싼다.   모양을 잡는다.

      꽃잎모양 : ▯ 가위를 직각으로 4/5 길이만큼 5~6번 가위질하고
                      모양을 잡는다.

★ ★ ★

제 품 평 가

낙엽모양과 꽃잎모양 각각의 크기와 구움색이 같아야 한다.

피자치즈가 바닥에 붙어서 타면 안 된다.

가위질 두께가 같아야 소시지와 빵 두께가 일정하게 나온다.

제 빵
0 6

그리시니

GRISSINI

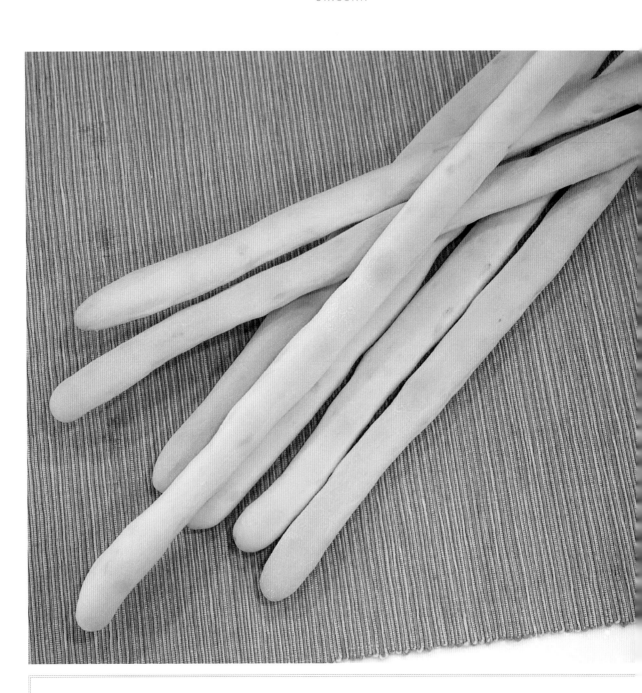

**요 구
사 항**

❶ 배합표의 각 재료를 계량하여 재료별로 진열하시오(8분).

❷ 전 재료를 동시에 투입하여 믹싱하시오(스트레이트법).

❸ 반죽 온도는 27℃를 표준으로 하시오.

❹ 분할 무게는 30g으로 하고, 길이는 35~40cm로 제조하시오.

❺ 반죽은 전량을 사용하여 성형하시오.

배합표

재료명	비율(%)	무게(g)
강력분	100	700
설탕	1	7(6)
건조 로즈마리	0.14	1(2)
소금	2	14
이스트	3	21(22)
버터	12	84
올리브유	2	14
물	62	434
계	182.14	1,275(1,276)

지급재료 목록

재료명	규격	수량	비고
밀가루	강력분	770g	1인용
설탕	정백당	8g	1인용
버터	무염	90g	1인용
소금	정제염	16g	1인용
이스트	생이스트	25g	1인용
건조 로즈마리	-	2g	1인용
식용유	올리브유	16ml	1인용(대두유 대체 가능)
위생지	식품용(8절지)	10장	1인용
제품상자	제품포장용	1개	5인 공용
얼음	식용	200g	1인용(겨울철 제외)

× POINT ×

○ 성형 시 힘, 크기, 방향이 똑같아야 균일하게 나와요.

○ 바삭한 과자 식감의 빵이므로 반죽과 발효를 많이 하지 않아요.

○ 40개가 넘는 분량이므로 속도 조절을 잘해주세요.

○ 오븐은 윗불 190℃, 아랫불 180℃로 예열해주세요.

○ 봄과 가을은 미지근한 물, 여름은 얼음을 넣은 차가운 물, 겨울은 따뜻한 물을 사용해주세요.

○ 글루텐은 70~80%, 반죽 온도는 27℃로 맞춰주세요.

01.

재료계량을 한다.

〔 **TIP** 〕 감독위원이 지정하는 볼, 종이를 사용해서 재료를 계량한다.

02.

믹싱볼에 모든 재료를 넣고 1단으로 반죽한다. 단, 이스트, 설탕, 소금은 서로 만나지 않도록 떨어뜨려 넣는다.

03.

가루재료와 액체재료가 다 섞인 상태(클린업 단계)가 되면 2단으로 반죽한다. 2단에서 4분 정도 반죽하다가, 3단에서 1분 정도 반죽한다.

04.

글루텐(70~80%)을 체크한다. 발전 단계 후 반죽 온도(27℃)를 체크한다.

〔 **TIP** 〕 반죽 온도는 ±1℃까지 점수 차감이 없다.

05.

발효실(온도 27℃, 습도 75~80%, 감독위원이 설정)에 넣고 20분 정도 1차 발효한다.

06.

반죽의 부피가 2~3배 되었는지 체크한다.

〔 **TIP** 〕 손가락으로 반죽을 찔렀을 때 구멍이 그대로 남아 있는지 또는 반죽 밑면에 거미줄 그물망이 생겼는지 체크한다.

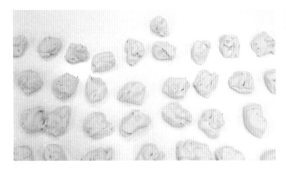

07.

30g으로 나누어 약 42덩어리를 만든다.

08.

둥글리기를 한 후 중간 발효(여름에는 5~10분, 겨울에는 10~20분)한다.

〔 **TIP** 〕 작업 속도가 느리다면 시험장에서는 중간 발효 없이 진행한다. 40개가 넘기 때문에 첫 번째 둥글리기한 빵은 자연스럽게 중간 발효가 되어 있다.

09.

10개씩 1세트로 4번에 나누어 10cm → 20cm → 30cm → 35~40cm로 민다.

10.

발효실(온도 32~35℃, 습도 75~80%, 감독위원이 설정)에 넣고 20분 정도 2차 발효한다.

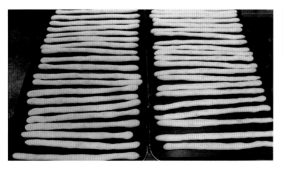

11.

예열한 오븐에 넣어 20~25분 정도 구워준다. 이때 17분 정도 구워준 후 오븐 체인지(오븐팬 자리 바꾸기)를 한다.

〔 **TIP** 〕 오븐 열이 골고루 닿지 않기에 균등한 구움색을 내기 위해 오븐팬의 자리를 바꾸는 것이 좋다. 색이 나기 전에는 절대 오븐 문을 열지 않는다.

12.

유산지를 깔아놓은 타공팬에 옮겨서 제출한다.

성 형 그 림

○ → ⬭ → ⬭
           10cm   20cm

→ ⬭ → ⬭
        30cm   40cm

★ ★ ★

제 품 평 가

모든 제품의 굵기, 길이, 구움색이 같아야 한다.

과발효되어서 쫄깃하거나 빵빵한 제품이 나오면 안 된다.

우유식빵

MILK BREAD

요 구
사 항

❶ 배합표외 각 재료를 계량하여 재료별로 진열하시오(8분).

❷ 반죽은 스트레이트법으로 제조하시오(단, 유지는 클린업 단계에 첨가하시오).

❸ 반죽 온도는 27℃를 표준으로 하시오.

❹ 분할 무게는 180g으로 히고, 분할 무게×3을 1기의 식빵으로 제조하시오.

❺ 반죽은 전량을 사용하여 성형하시오.

재료명	비율(%)	무게(g)
강력분	100	1,200
우유	40	480
이스트	4	48
물	29	348
제빵개량제	1	12
소금	2	24
설탕	5	60
쇼트닝	4	48
계	185	2,220

배합표

재료명	규격	수량	비고
밀가루	강력분	1,320g	1인용
쇼트닝	제과제빵용	53g	1인용
설탕	정백당	66g	1인용
소금	정제염	26g	1인용
이스트	생이스트	55g	1인용
제빵개량제	제빵용	15g	1인용
우유	시유	520ml	1인용
식용유	대두유	50ml	1인용
얼음	식용	200g	1인용(겨울철 제외)
위생지	식품용(8절지)	10장	1인용
제품상자	제품포장용	1개	5인 공용

지급재료 목록

× POINT ×

◎ 성형 시 힘, 크기, 방향이 똑같아야 균일하게 나와요.

◎ 2차 발효 시 틀 위로 0.5cm 발효점을 잘 맞춰주세요.

◎ 식빵틀 4개 분량이며 틀 코팅을 잘해주세요.

◎ 오븐은 윗불 170℃, 아랫불 190℃로 예열해주세요.

◎ 봄과 가을은 미지근한 물, 여름은 얼음을 넣은 차가운 물, 겨울은 따뜻한 물을 사용해주세요.

◎ 글루텐은 100%, 반죽 온도는 27℃로 맞춰주세요.

◎ 우유가 들어가서 구움색이 빠르게 날 수 있으니, 오븐에 반죽을 넣고 온도를 10℃씩 줄여서 구워도 좋아요.

01.

재료계량을 한다.

〔 **TIP** 〕 감독위원이 지정하는 볼, 종이를 사용해서 재료를 계량한다.

02.

믹싱볼에 유지류를 제외한 모든 재료를 넣고 1단으로 반죽한다. 단, 이스트, 설탕, 소금은 서로 만나지 않도록 떨어트려 넣는다.

03.

가루재료와 액체재료가 다 섞인 상태(클린업 단계)가 되면 유지류를 첨가한 후 2단으로 반죽한다. 2단에서 4분 정도 반죽하다가, 3단에서 3~4분 정도 반죽한다.

04.

글루텐(100%)을 체크한다. 최종 단계 후 반죽 온도(27℃)를 체크한다.

〔 **TIP** 〕 반죽 온도는 ±1℃까지 점수 차감이 없다.

05.

발효실(온도 27℃, 습도 75~80%, 감독위원이 설정)에 넣고 50~60분 정도 1차 발효한다.

06.

발효하는 동안 지급 재료 목록에 있는 식용유를 이용하여 틀을 코팅한다.

07.

반죽의 부피가 2~3배 되었는지 체크한다.

〔 **TIP** 〕 손가락으로 반죽을 찔렀을 때 구멍이 그대로 남아 있는지 또는 반죽 밑면에 거미줄 그물망이 생겼는지 체크한다.

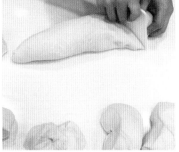

08.

180g으로 나누어 총 12덩어리를 만든다.

09.

둥글리기를 한 후 중간 발효(여름에는 5~10분, 겨울에는 10~20분)한다.

제빵 07. 우유식빵

10.

작업대에 소량의 덧가루를 뿌린다. 밀대로 반죽을 밀고 3겹 접기 후 돌돌 말아 식빵 모양을 만든다.

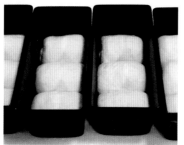

11.

식빵틀에 3개의 반죽을 나란히 넣고 손등으로 반죽을 눌러준다.

12.

발효실(온도 38~40℃, 습도 85~90%, 감독위원이 설정)에 넣고 약 30분 동안 반죽이 틀 위로 0.5cm 정도 올라오도록 2차 발효한다.

13.

예열한 오븐에 넣고 30~35분 정도 구워준다.

〔 **TIP** 〕 굽는 도중 오븐의 문을 열지 않는다. 찬 기운이 들어가면 식빵의 모양이 주저앉을 수가 있기 때문이다.

14.

유산지를 깔아놓은 타공팬에 옮겨 제출한다. 이때 식빵의 옆구리가 찌그러지지 않도록 주의해서 옮긴다.

성 형 그 림

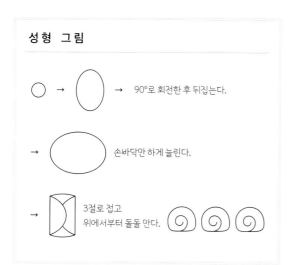

○ → (타원) → 90°로 회전한 후 뒤집는다.

→ (원) 손바닥만 하게 늘린다.

→ 3절로 접고 위에서부터 돌돌 만다.

⭐ ⭐ ⭐
제 품 평 가

식빵의 구움색이 너무 연하지 않아야 한다.

식빵의 봉우리 3개의 높이가 다 맞아야 한다.

밑바닥이 채워져 있어야 한다.

옆구리가 찌그러져 있으면 안 된다.

옆면 터짐이 균일하게 나야 한다.

측면 달팽이 모양의 방향이 다 맞아야 한다.

단과자빵(소보로빵)

SOBORO BREAD

요 구
사 항

❶ 배합표의 각 재료를 계량하여 재료별로 진열하시오(9분).

❷ 반죽은 스트레이트법으로 제조하시오(단, 유지는 클린업 단계에 첨가하시오).

❸ 반죽 온도는 27℃를 표준으로 하시오.

❹ 분할 무게는 50g으로 하고, 1개당 소보로 사용량은 약 30g씩으로 제조하시오.

❺ 반죽은 25개 성형하여 제출하고 남은 반죽은 감독위원 지시에 따르시오.

❻ 소보로는 직접 제조하여 사용하시오.

배합표

반죽

재료명	비율(%)	무게(g)
강력분	100	900
물	47	423(422)
이스트	4	36
제빵개량제	1	9(8)
소금	2	18
마가린	18	162
탈지분유	2	18
달걀	15	135(136)
설탕	16	144
계	205	1,845(1,844)

토핑용 소보로(계량 시간에서 제외)

재료명	비율(%)	무게(g)
중력분	100	300
설탕	60	180
마가린	50	150
땅콩버터	15	45(46)
달걀	10	30
물엿	10	30
탈지분유	3	9(10)
베이킹파우더	2	6
소금	1	3
계	251	753

지급재료 목록

재료명	규격	수량	비고
밀가루	강력분	990g	1인용
밀가루	중력분	330g	1인용
설탕	정백당	400g	1인용
마가린	제과제빵용	400g	1인용
소금	정제염	25g	1인용
이스트	생이스트	45g	1인용
제빵개량제	제빵용	11g	1인용
탈지분유	제과제빵용	40g	1인용
달걀	60g(껍데기 포함)	4개	1인용
땅콩버터	제과용	55g	1인용
물엿	이온엿, 제과용	50g	1인용
베이킹파우더	제과제빵용	10g	1인용
식용유	대두유	50ml	1인용
얼음	식용	200g	1인용(겨울철 제외)
위생지	식품용(8절지)	10장	1인용
제품상자	제품포장용	1개	5인 공용

× POINT ×

○ 여름철에 소보로는 크림화를 많이 하면 질어질 수 있으니 주의해야 해요.

○ 토핑용 소보로를 보슬보슬한 상태로 만들어야 해요.

○ 여름철에 토핑용 소보로는 사용 전까지 냉장보관해주세요.

○ 오븐은 윗불 190℃, 아랫불 165℃로 예열해주세요.

○ 봄과 가을은 미지근한 물, 여름은 얼음을 넣은 차가운 물, 겨울은 따뜻한 물을 사용해주세요.

○ 글루텐은 100%, 반죽 온도는 27℃로 맞춰주세요.

○ 달달한 과자빵이므로 설탕 함유량이 많아 반죽이 질 수 있으니, 반죽할 때 잘 긁어가며 반죽해주세요.

01.

재료계량을 한다.

〔 **TIP** 〕 감독위원이 지정하는 볼, 종이를 사용해서 재료를 계량한다.

02.

믹싱볼에 유지류를 제외한 모든 재료를 넣고 1단으로 반죽한다. 단, 이스트, 설탕, 소금은 서로 만나지 않도록 떨어트려 넣는다.

03.

가루재료와 액체재료가 다 섞인 상태(클린업 단계)가 되면 유지류를 첨가한 후 2단으로 반죽한다. 2단에서 4분 정도 반죽하다가, 3단에서 3~4분 정도 반죽한다.

04.

글루텐(100%)을 체크한다. 최종 단계 후 반죽 온도(27℃)를 체크한다.

〔 **TIP** 〕 반죽 온도는 ±1℃까지 점수 차감이 없다.

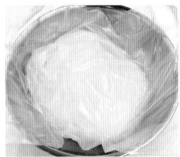

05.

발효실(온도 27℃, 습도 75~80%, 감독위원이 설정)에 반죽을 넣고 50~60분 정도 1차 발효한다.

06.

발효하는 동안 토핑물의 재료를 계량한다.

07.

토핑물은 크림법으로 제조하되, 가루재료는 보슬보슬하게 섞는다.

07-1.

유지류(마가린, 땅콩버터)를 풀어주고 설탕, 소금, 물엿을 넣고 크림화한다.

07-2.

달걀을 조금씩 나눠가며 섞어준다.

07-3.

가루재료를 체로 내린 후 넣고 스크래퍼로 자르듯 섞거나 손으로 보슬보슬하게 섞는다.

08.

반죽 부피가 2~3배 되었는지 체크한다.

〔 **TIP** 〕 손가락으로 반죽을 찔렀을 때 구멍이 그대로 남아 있는지 또는 반죽 밑면에 거미줄 그물망이 생겼는지 체크한다.

09.

50g으로 나누어 25덩어리를 만든 후 남은 반죽은 감독위원의 지시에 따른다.

10.

둥글리기를 한 후 중간 발효(여름에는 5~10분, 겨울에는 10~20분)한다.

11.

중간 발효가 끝난 반죽은 다시 한 번 둥글리기하여 가스를 빼주고 밑바닥 부분을 잡아 머리 부분을 물에 묻혀서 소보로(약 30g) 위에 올린다. 반죽 위에 약간의 소보로를 올린 후 꾹 누른 다음 팬닝한다.

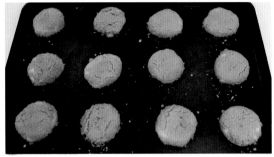

12.

발효실(온도 38~40℃, 습도 85~90%, 감독위원이 설정)에 넣고 30분 정도 2차 발효한다.

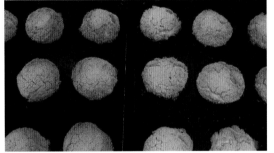

13.

예열한 오븐에 넣어 15~20분 동안 구워준다. 이때 13분 정도 구워준 후 오븐 체인지(오븐팬 자리 바꾸기)를 한다.

〔 **TIP** 〕 오븐 열이 골고루 닿지 않기에 균등한 구움색을 내기 위해 오븐팬의 자리를 바꾸는 것이 좋다. 색이 나기 전에는 절대 오븐 문을 열지 않는다.

14.

유산지를 깔아놓은 타공팬에 옮겨 제출한다.

성형 그림

둥글리기 → 물 → 소보로 → 손으로 누른다. →

★ ★ ★
제품 평가

소보로가 골고루 다 묻어 있어야 한다.

25개 제품의 크기와 색이 균일해야 한다.

찌그러짐이 있거나 동그란 모양이 아닐 시 좋은 점수를 받지 못한다.

소보로가 뭉쳐 있거나 날가루가 덜 섞여 있으면 안 된다.

단과자빵(트위스트형)

TWIST BREAD

요 구 사 항	❶ 배합표의 각 재료를 계량하여 재료별로 진열하시오(9분).	❹ 반죽 분할 무게는 50g이 되도록 하시오.
	❷ 반죽은 스트레이트법으로 제조하시오(단, 유지는 클린업 단계에 첨가하시오).	❺ 모양은 8자형 12개, 달팽이형 12개로 2가지 모양으로 만드시
	❸ 반죽 온도는 27℃를 표준으로 하시오.	❻ 완제품 24개를 성형하여 제출하고, 남은 반죽은 감독위원의 지시에 따르시오.

배합표

재료명	비율(%)	무게(g)
강력분	100	900
물	47	422
이스트	4	36
제빵개량제	1	8
소금	2	18
설탕	12	108
쇼트닝	10	90
분유	3	26
달걀	20	180
계	199	1,788

지급재료 목록

재료명	규격	수량	비고
밀가루	강력분	990g	1인용
설탕	정백당	120g	1인용
쇼트닝	제과제빵용	100g	1인용
소금	정제염	20g	1인용
이스트	생이스트	38g	1인용
제빵개량제	제빵용	10g	1인용
탈지분유	제과제빵용	30g	1인용
달걀	60g(껍데기 포함)	5개	1인용
식용유	대두유	50ml	1인용
얼음	식용	200g	1인용(겨울철 제외)
위생지	식품용(8절지)	10장	1인용
제품상자	제품포장용	1개	5인 공용

× POINT ×

○ 성형 시 힘, 크기, 방향이 똑같아야 균일하게 나와요.

○ 성형 시 덧가루의 사용량은 최소량으로 해주세요.

○ 오븐팬 2개 분량입니다.

○ 오븐은 윗불 190℃, 아랫불 165℃로 예열해주세요.

○ 봄과 가을은 미지근한 물, 여름은 얼음을 넣은 차가운 물, 겨울은 따뜻한 물을 사용해주세요.

○ 글루텐은 100%, 반죽 온도는 27℃로 맞춰주세요.

01.

재료계량을 한다.

〔 **TIP** 〕 감독위원이 지정하는 볼, 종이를 사용해서 재료를 계량한다.

02.

믹싱볼에 유지류를 제외한 모든 재료를 넣고 1단으로 반죽한다. 단, 이스트, 설탕, 소금은 서로 만나지 않도록 떨어트려 넣는다.

03.

가루재료와 액체재료가 다 섞인 상태(클린업 단계)가 되면 유지류를 첨가한 후 2단으로 반죽한다. 2단에서 4분 정도 반죽하다가, 3단에서 3~4분 정도 반죽한다.

04.

글루텐(100%)을 체크한다. 최종 단계 후 반죽 온도(27℃)를 체크한다.

〔 **TIP** 〕 반죽 온도는 ±1℃까지 점수 차감이 없다.

05.

발효실(온도 27℃, 습도 75~85%, 감독위원이 설정)에 반죽을 넣고 60분 정도 1차 발효한다.

06.

반죽의 부피가 2~3배 되었는지 체크한다.

〔 **TIP** 〕 손가락으로 반죽을 찔렀을 때 구멍이 그대로 남아 있는지 또는 반죽 밑면에 거미줄 그물망이 생겼는지 체크한다.

07.

50g으로 나누어 총 24덩어리를 만들고, 남은 반죽은 감독위원의 지시에 따른다.

08.

둥글리기를 한 후 중간 발효(여름에는 5~10분, 겨울에는 10~20분)한다.

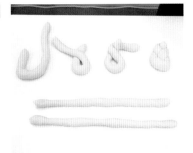

09.

작업대에 소량의 덧가루를 뿌린다. 8자 모양은 반죽을 30~35cm로 늘여서 성형한다.

10.

달팽이형은 반죽을 35~40cm로 늘여서 성형한다.

11.

2팬에 각각 같은 모양끼리 팬닝한다.

12.

발효실(온도 38~40℃, 습도 85~90%, 감독위원이 설정)에 넣고 30~40분 정도 2차 발효한다.

13.

예열한 오븐에 넣어 15~20분 정도 구워준다. 이때 13분 정도 구워준 후 오븐 체인지(오븐팬 자리 바꾸기)를 한다.

〔 **TIP** 〕 오븐 열이 골고루 닿지 않기에 균등한 구움색을 내기 위해 오븐팬의 자리를 바꾸는 것이 좋다. 색이 나기 전에는 절대 오븐 문을 열지 않는다.

14.

유산지를 깔아놓은 타공팬에 옮겨서 제출한다.

성 형 그 림

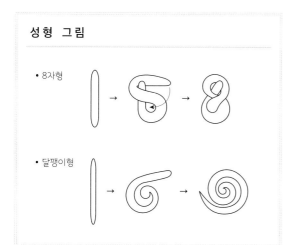

• 8자형

• 달팽이형

⭐ ⭐ ⭐
제 품 평 가

각각 12개씩 모양, 크기, 구움색이 동일해야 한다.

달팽이모양은 위로 튀어나오지 않아야 한다.

8자형은 머리 부분이 숨어서는 안 되고, 꼬리 부분이 튀어나와서도 안 된다.

단과자빵(크림빵)

CREAM BREAD

요 구
사 항

❶ 배합표의 각 재료를 계량하여 재료별로 진열하시오(9분).

❷ 반죽은 스트레이트법으로 제조하시오(단, 유지는 클린업 단계에 첨가하시오).

❸ 반죽 온도는 27℃를 표준으로 하시오.

❹ 반죽 1개의 분할 무게는 45g으로 하고, 1개당 크림 사용량은 30g으로 세소하시오.

❺ 제품 중 12개는 크림을 넣은 후 굽고 나머지 12개는 반달형으로 크림을 충전하지 말고 제조하시오.

❻ 남은 반죽은 감독위원 지시에 따라 별도로 제출하시오.

반죽

재료명	비율(%)	무게(g)
강력분	100	800
물	53	424
이스트	4	32
제빵개량제	2	16
소금	2	16
설탕	16	128
쇼트닝	12	96
분유	2	16
달걀	10	80
계	201	1,608

배합표

충전물(충전용 재료는 계량 시간에서 제외)

재료명	비율(%)	무게(g)
커스터드크림	1개당 30g	360

지급재료 목록

재료명	규격	수량	비고
밀가루	강력분	880g	1인용
설탕	정백당	150g	1인용
쇼트닝	제과제빵용	110g	1인용
소금	정제염	20g	1인용
이스트	생이스트	40g	1인용
제빵개량제	제빵용	20g	1인용
탈지분유	제과제빵용	20g	1인용
달걀	60g(껍데기 포함)	2개	1인용
커스터드크림	커스터드파우더로 제조한 것	400g	1인용
식용유	대두유	50ml	1인용
얼음	식용	200g	1인용(겨울철 제외)
위생지	식품용(8절지)	10장	1인용
제품상자	제품포장용	1개	5인 공용

× POINT ×

○ 12개는 충전형, 12개는 비충전형으로 성형해주세요.

○ 각 팬에 같은 모양으로 팬닝해야 같은 색으로 구울 수 있어요.

○ 오븐은 윗불 190℃, 아랫불 165℃로 예열해주세요.

○ 봄과 가을은 미지근한 물, 여름은 얼음을 넣은 차가운 물, 겨울은 따뜻한 물을 사용해주세요.

○ 글루텐은 100%, 반죽 온도는 27℃로 맞춰주세요.

○ 달달한 과자빵이므로 설탕 함유량이 많아 반죽이 질 수 있으니, 반죽할 때는 잘 긁어가며 반죽해주세요.

01.

재료계량을 한다.

〔 **TIP** 〕 감독위원이 지정하는 볼, 종이를 사용해서 재료를 계량한다.

02.

믹싱볼에 유지류를 제외한 모든 재료를 넣고 1단으로 반죽한다. 단, 이스트, 설탕, 소금은 서로 만나지 않도록 떨어트려 넣는다.

03.

가루재료와 액체재료가 다 섞인 상태(클린업 단계)가 되면 유지류를 첨가한 후 2단으로 반죽한다. 2단에서 4분 정도 반죽하다가, 3단에서 3~4분 정도 반죽한다.

04.

글루텐(100%)을 체크한다. 최종 단계 후 반죽 온도(27℃)를 체크한다.

〔 **TIP** 〕 반죽 온도는 ±1℃까지 점수 차감이 없다.

05.

발효실(온도 27℃, 습도 75~80%, 감독위원이 설정)에 반죽을 넣고 50~60분 정도 1차 발효한다.

06.

반죽의 부피가 2~3배 되었는지 체크한다.

〔 **TIP** 〕 손가락으로 반죽을 찔렀을 때 구멍이 그대로 남아 있는지 또는 반죽 밑면에 거미줄 그물망이 생겼는지 체크한다.

07.

45~46g으로 나누어 총 24덩어리를 만들고 남은 반죽은 감독위원의 지시에 따른다.

08.

둥글리기를 한 후 중간 발효(여름에는 5~10분, 겨울에는 10~20분)한다.

09.

12개는 폭 7cm, 길이 13cm로 밀어서 크림 30g을 채운 뒤 충전형으로 성형하고 팬닝한다.

제빵 10. 단과자빵(크림빵)

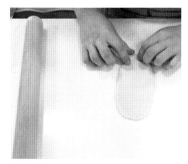

10.

나머지 12개는 폭 7cm 길이 13cm로 밀어서 식용유를 바른 뒤 비충전형으로 성형하고 팬닝한다.

11.

발효실(온도 38~40℃, 습도 85~90%, 감독위원이 설정)에 넣고 30분 정도 2차 발효한다.

12.

예열한 오븐에 넣어 15~20분 동안 구워준다. 이때 13분 정도 구워준 후 오븐 체인지(오븐팬 자리 바꾸기)를 한다.

〔 **TIP** 〕 오븐 열이 골고루 닿지 않기에 균등한 구움색을 내기 위해 오븐팬의 자리를 바꾸는 것이 좋다. 색이 나기 전에는 절대 오븐 문을 열지 않는다.

13.

유산지를 깔아놓은 타공팬에 옮겨 제출한다.

★ ★ ★

제 품 평 가

충전형 빵은 칼집이 들어간 부분의 두께가 일정해야 하며 크림이 빠져나오면 안 된다.

비충전형은 위아래 빵의 모양이 입술을 닫은 것처럼 닫혀 있어야 한다.

충전형, 비충전형 모두 같은 구움색이어야 한다.

성 형 그 림

• 충전형

$\bigcirc \rightarrow$ 13cm ├─7cm─┤ → 물칠 / 크림 → → ⑤①④ ③② →

• 비충전형

$\bigcirc \rightarrow$ 13cm ├─7cm─┤ → 식용유 → → 위아래 비슷하게 접혀야 한다.

3 : 00
hrs   min

Exam Time

단팥빵(비상스트레이트법)

SWEET RED BEAN BUN

**요 구
사 항**

❶ 배합표의 각 재료를 계량하여 재료별로 진열하시오(9분).

❷ 반죽은 비상스트레이트법으로 제조하시오(단, 유지는 클린업 단계에 첨가하시오).

❸ 반죽 온도는 30℃를 표준으로 하시오.

❹ 반죽 1개의 분할 무게는 50g으로 하고, 팥앙금 무게는 40g 으로 제조하시오.

❺ 반죽은 전량을 사용하여 성형하시오.

반죽

재료명	비율(%)	무게(g)
강력분	100	900
물	48	432
이스트	7	63(64)
제빵개량제	1	9(8)
소금	2	18
설탕	16	144
마가린	12	108
탈지분유	3	27(28)
달걀	15	135(136)
계	204	1,836(1,838)

충전물(충전용 재료는 계량 시간에서 제외)

재료명	비율(%)	무게(g)
통팥앙금	-	1,440

배합표

재료명	규격	수량	비고
밀가루	강력분	990g	1인용
설탕	정백당	150g	1인용
소금	정제염	20g	1인용
식용유	대두유	50ml	1인용
이스트	생이스트	70g	1인용
제빵개량제	제빵용	10g	1인용
마가린	제빵용	120g	1인용
탈지분유	제과(빵)용	30g	1인용
달걀	60g(껍데기 포함)	5개	1인용
통팥앙금	가당	1,500g	1인용
위생지	식품용(8절지)	10장	1인용
제품상자	제품포장용	1개	5인 공용
얼음	식용	200g	1인용(겨울철 제외)

지급재료 목록

× POINT ×

○ 성형 시 힘, 크기, 방향이 똑같아야 균일하게 나와요.

○ '헤라'와 '목란'이라는 도구를 사용해주세요.

○ 40개가 넘는 분량이므로 속도 조절을 잘해주세요.

○ 2판을 먼저 발효실에 넣고 발효하는 동안 나머지 2판을 성형하고, 2판을 굽는 동안 나머지 2판을 발효해주세요.

○ 오븐은 윗불 190℃, 아랫불 165℃로 예열해주세요.

○ 봄과 가을은 미지근한 물, 여름은 얼음을 넣은 차가운 물, 겨울은 따뜻한 물을 사용해주세요.

○ 글루텐은 100~120%, 반죽 온도는 30℃로 맞춰주세요.

01.

재료계량을 한다.

〔 **TIP** 〕 감독위원이 지정하는 볼, 종이를 사용해서 재료를 계량한다.

02.

믹싱볼에 유지류를 제외한 모든 재료를 넣고 1단으로 반죽한다. 단, 이스트, 설탕, 소금은 서로 만나지 않도록 떨어트려 넣는다.

03.

가루재료와 액체재료가 다 섞인 상태(클린업 단계)가 되면 유지류를 첨가한 후 2단으로 반죽한다. 2단에서 3~4분 정도 반죽하다가, 3단에서 4~5분 정도 반죽한다.

04.

글루텐(120%)을 체크한다. 최종 후기 단계 후 반죽 온도(30℃)를 체크한다.

〔 **TIP** 〕 반죽 온도는 ±1℃까지 점수 차감이 없다.

05.

발효실(온도 30℃, 습도 75~80%, 감독위원이 설정)에 넣고 20~30분 정도 1차 발효한다.

06.

발효하는 동안 팥앙금을 40g씩 분할하여 동그랗게 만들어둔다.

07.

반죽의 부피가 2~3배 되었는지 체크한다.

〔 **TIP** 〕 손가락으로 반죽을 찔렀을 때 구멍이 그대로 남아 있는지 또는 반죽 밑면에 거미줄 그물망이 생겼는지 체크한다.

08.

50g으로 나누어 분할한다(반죽은 전량 사용).

09.

둥글리기를 한 후 중간 발효(여름에는 5~10분, 겨울에는 10~20분)한다.

〔 **TIP** 〕 작업 속도가 느리면 중간 발효 없이 진행한다. 40개가 넘기 때문에 첫 번째 둥글리기한 빵은 자연스럽게 중간 발효가 되어 있다.

제빵 11. 단팥빵(비상스트레이트법)

10.

소량의 덧가루와 헤라를 사용하여 앙금을 싼다.

11.

목란을 이용하여 2판은 평평한 모양, 2판은 속이 뚫려 있는 모양으로 성형한다.

12.

발효실(온도 38~40℃, 습도 85~90%, 감독위원이 설정)에 넣고 30분 정도 2차 발효한다.

13.

예열한 오븐에 넣어 15~20분 동안 구워준다. 이때 13분 정도 구워준 후 오븐 체인지(오븐팬 자리 바꾸기)를 한다.

〔 TIP 〕 오븐 열이 골고루 닿지 않기에 균등한 구움색을 내기 위해 오븐팬의 자리를 바꾸는 것이 좋다. 색이 나기 전에는 절대 오븐 문을 열지 않는다.

14.

유산지를 깔아놓은 타공팬에 옮겨 제출한다.

성 형 그 림

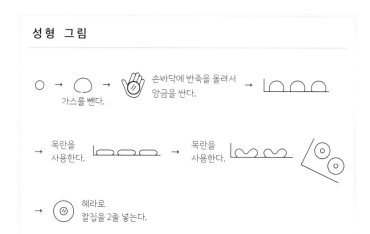

○ → ◯ → 🖐 손바닥에 반죽을 올려서 앙금을 싼다. → ⌒⌒⌒⌒
가스를 뺀다.

→ 목란을 사용한다. ⌒⌒⌒⌒ → 목란을 사용한다. ⌒⌒⌒ ◁◎◎

→ ◎ 헤라로 칼집을 2줄 넣는다.

★ ★ ★
제 품 평 가

제품의 구움색과 크기는 동일해야 한다.

팥앙금이 위아래로 나와서는 안 된다.

구멍을 뚫어 성형한 단팥빵은 가운데 구멍이 솟아오르지 않고 안으로 움푹 들어가 있어야 한다.

옥수수식빵

CORN BREAD

요 구
사 항

❶ 배합표의 각 재료를 계량하여 재료별로 진열하시오(10분).

❷ 반죽은 스트레이트법으로 제조하시오(단, 유지는 클린업 단계에 첨가하시오).

❸ 반죽 온도는 27℃를 표준으로 하시오.

❹ 분할 무게는 180g으로 하고, 분할 무게×3을 1개의 식빵으로 제조하시오.

❺ 반죽은 전량을 사용하여 성형하시오.

배합표

재료명	비율(%)	무게(g)
강력분	80	960
옥수수분말	20	240
물	60	720
이스트	3	36
제빵개량제	1	12
소금	2	24
설탕	8	96
쇼트닝	7	84
탈지분유	3	36
달걀	5	60
계	189	2,268

지급재료 목록

재료명	규격	수량	비고
밀가루	강력분	1,060g	1인용
옥수수분말	제과제빵용(알파)	260g	1인용
이스트	생이스트	45g	1인용
제빵개량제	제빵용	15g	1인용
소금	정제염	25g	1인용
설탕	정백당	100g	1인용
쇼트닝	제과제빵용	100g	1인용
탈지분유	제과제빵용	40g	1인용
달걀	60g(껍데기 포함)	2개	1인용
식용유	대두유	50ml	1인용
얼음	식용	200g	1인용(겨울철 제외)
위생지	식품용(8절지)	10장	1인용
제품상자	제품포장용	1개	5인 공용

× POINT ×

○ 성형 시 똑같은 힘과 크기, 방향으로 해야 균일하게 나와요.

○ 2차 발효 시 틀 위로 0.5cm 발효점을 잘 맞춰주세요.

○ 식빵틀 4개 분량이며 틀 코팅을 잘해야 해요.

○ 오븐은 윗불 170℃, 아랫불 190℃로 예열해주세요.

○ 봄과 가을은 미지근한 물, 여름은 얼음을 넣은 차가운 물, 겨울은 따뜻한 물을 사용해요.

○ 글루텐은 90%, 반죽 온도는 27℃로 맞춰주세요.

○ 진 반죽이므로 덧가루를 넉넉히 쓰면서 만들어주세요.

01.

재료계량을 한다.

〔 TIP 〕 감독위원이 지정하는 볼, 종이를 사용해서 재료를 계량한다.

02.

믹싱볼에 유지류를 제외한 모든 재료를 넣고 1단으로 반죽한다. 단, 이스트, 설탕, 소금은 서로 만나지 않도록 떨어트려 넣는다.

03.

가루재료와 액체재료가 다 섞인 상태(클린업 단계)가 되면 유지류를 첨가한 후 2단으로 반죽한다. 2단에서 3~4분 정도 반죽하다가, 3단에서 4~5분 정도 반죽한다.

04.

글루텐(90%)을 체크한다. 발전 단계 후기 후 반죽 온도(27℃)를 체크한다.

〔 TIP 〕 반죽 온도는 ±1℃까지 점수 차감이 없다.

05.

발효실(온도 27℃, 습도 75~85%, 감독위원이 설정)에 반죽을 넣고 60~70분 정도 1차 발효한다.

06.

발효하는 동안 지급 재료 목록에 있는 식용유를 이용하여 틀을 코팅한다.

07.

반죽의 부피가 2~3배 되었는지 체크한다.

〔 TIP 〕 손가락으로 반죽을 찔렀을 때 구멍이 그대로 남아 있는지 또는 반죽 밑면에 거미줄 그물망이 생겼는지 체크한다.

08.

덧가루를 사용해가며 180g으로 총 12 덩어리를 만든다.

09.

덧가루 사용해가며 둥글리기를 한 후 중간 발효(여름에는 5~10분, 겨울에는 10~20분)한다.

10.

작업대에 소량의 덧가루를 뿌린다. 밀대로 반죽을 밀고 3겹 접기 후 돌돌 말아 식빵 모양을 만든다.

11.

식빵틀에 3개의 반죽을 나란히 넣고 손등으로 반죽을 눌러준다.

12.

발효실(온도 38~40℃, 습도 85~90%, 감독위원이 설정)에 넣고 약 30분 동안 반죽이 틀 위로 0.5cm 정도 올라오도록 2차 발효한다.

13.

예열한 오븐에 넣고 30~35분 정도 구워준다.

〔 **TIP** 〕 굽는 도중 오븐의 문을 열지 않는다. 찬 기운이 들어가면 식빵의 모양이 주저앉을 수가 있기 때문이다.

14.

유산지를 깔아놓은 타공팬에 옮겨 제출한다.

성 형 그 림

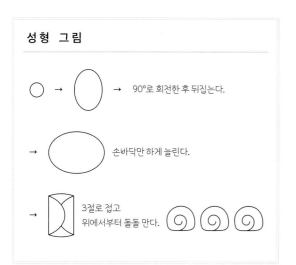

○ → ⬭ → 90°로 회전한 후 뒤집는다.

→ ⬭ 손바닥만 하게 늘린다.

→ 3절로 접고 위에서부터 돌돌 만다. ◎◎◎

제 품 평 가

식빵의 구움색이 너무 연하지 않아야 한다.

식빵의 봉우리 3개의 높이가 다 맞아야 한다.

밑바닥이 채워져 있어야 한다.

옆구리가 찌그러져 있으면 안 된다.

옆면 터짐이 균일하게 나야 한다.

측면 달팽이 모양의 방향이 다 맞아야 한다.

밤식빵

CHESTNUT BREAD

요 구 사 항	❶ 배합표의 각 재료를 계량하여 재료별로 진열히시오(10분).	❹ 분할 무게는 450g으로 히고, 80g의 통조림밤을 넣고 성형히 시오(한 덩이 : one loaf).
	❷ 반죽은 스트레이트법으로 제조하시오.	❺ 토핑물을 제조하여 굽기 전에 토핑하고 아몬드를 뿌리시오.
	❸ 반죽 온도는 27℃를 표준으로 하시오.	❻ 반죽은 전량을 사용하여 성형하시오.

반죽

재료명	비율(%)	무게(g)
강력분	80	960
중력분	20	240
물	52	624
이스트	4.5	54
제빵개량제	1	12
소금	2	24
설탕	12	144
버터	8	96
탈지분유	3	36
달걀	10	120
계	192.5	2,310

토핑(토핑용 재료는 계량 시간에서 제외)

재료명	비율(%)	무게(g)
마가린	100	100
설탕	60	60
베이킹파우더	2	2
달걀	60	60
중력분	100	100
아몬드슬라이스	50	50
계	372	372
밤다이스(시럽 제외)	35	420

재료명	규격	수량	비고
밀가루	강력분	1,060g	1인용
밀가루	중력분	380g	1인용
설탕	정백당	230g	1인용
이스트	생이스트	60g	1인용
탈지분유	제빵용	40g	1인용
버터	무염	110g	1인용
소금	정제염	30g	1인용
제빵개량제	제빵용	14g	1인용
밤(다이스)	당조림	900g	1인용(시럽 포함)
달걀	60g(껍데기 포함)	4개	1인용
마가린	제과제빵용	120g	1인용
베이킹파우더	제과제빵용	3g	1인용
아몬드(슬라이스)	제과제빵용	60g	1인용
얼음	식용	220g	1인용(겨울철 제외)
위생지	식품용(8절지)	10장	1인용
제품상자	제품포장용	1개	5인 공용

× POINT ×

- 성형 시 똑같은 힘과 크기, 방향으로 해야 균일하게 나와요.
- 2차 발효 시 틀 아래로 1~1.5cm 발효점을 잘 맞춰주세요
- 식빵틀 5개 분량이며 틀 코팅을 잘해야 해요.
- 오븐은 윗불 170℃, 아랫불 190℃로 예열해주세요.
- 봄과 가을은 미지근한 물, 여름은 얼음을 넣은 차가운 물, 겨울은 따뜻한 물을 사용해요.
- 글루텐은 100%, 반죽 온도는 27℃로 맞춰주세요.
- 토핑물을 과하게 올리면 구울 때 밖으로 흐르는 경우가 있으니 주의해야 해요.

01.

재료계량을 한다.

〔 **TIP** 〕 감독위원이 지정하는 볼, 종이를 사용해서 재료를 계량한다.

02.

믹싱볼에 모든 재료를 넣고 1단으로 반죽한다. 단, 이스트, 설탕, 소금은 서로 만나지 않도록 떨어트려 넣는다.

03.

가루재료와 액체재료가 다 섞인 상태(클린업 단계)가 되면 2단으로 반죽한다. 2단에서 4분 정도 반죽하다가, 3단에서 3~4분 정도 반죽한다.

04.

글루텐(100%)을 체크한다. 최종 단계 후 반죽 온도(27℃)를 체크한다.

〔 **TIP** 〕 반죽 온도는 ±1℃까지는 점수 차감이 없다.

05.

발효실(온도 27℃, 습도 75~80%, 감독위원이 설정)에 반죽을 넣고 50~60분 정도 1차 발효한다.

06.

발효하는 동안 토핑물 재료를 계량한다.

07.

토핑물은 크림법으로 제조하고, 밤(다이스)은 80g씩 분할
해놓는다.

07-1.

유지류(마가린)를 풀어주고 설탕을 넣
은 후 크림화한다.

07-2.

달걀을 조금씩 나눠가며 섞어준다.

07-3.

체로 내린 가루재료(중력분, 베이킹파
우더)를 넣고 주걱으로 섞어준다.

08.

반죽의 부피가 2~3배 되었는지 체크한다.

〔 **TIP** 〕 손가락으로 반죽을 찔렀을 때 구멍이 그대로 남아 있는지 또
는 반죽 밑면에 거미줄 그물망이 생겼는지 체크한다.

09.

450g으로 나누어 5덩어리를 만든다.

10.

둥글리기를 한 후 중간 발효(여름에는 5~10분, 겨울에는 10~20분)한다.

11.

덧가루와 밀대, 밤(다이스)을 사용하여 원로프형(one loaf)으로 성형한 후 틀에 팬닝한다. 밤이 너무 크면 잘게 쪼개어 사용한다.

12.

발효실(온도 38~40℃, 습도 85~90%, 감독위원이 설정)에 넣고 약 20~30분 동안 2차 발효한다. 이때 틀 아래 1~1.5cm 발효점을 확인한다.

13.

반죽 위에 토핑물을 3줄로 짜고 아몬드 슬라이스를 균등하게 올린다.

14.

예열한 오븐에 넣고 30분 정도 구워준다.

〔 **TIP** 〕 굽는 도중 오븐의 문을 열지 않는다. 찬 기운이 들어가면 식빵의 모양이 주저앉을 수가 있기 때문이다.

15.

유산지를 깔아놓은 타공팬에 옮겨 제출한다.

성 형 그 림

직각이
되도록 한다.

식빵틀보다
작게 만든다.

밤을 올려서
말아준다.

★ ★ ★

제 품 평 가

옆구리가 찌그러져 있으면 안 된다.

식빵 5개의 높이와 색깔이 같아야 한다.

밤이 튀어나오지 않아야 한다.

토핑물이 식빵 윗면을 다 덮되 바깥으로 흘러내리면 안 된다.

풀만식빵

PULLMAN BREAD

**요 구
사 항**

❶ 배합표외 가 재료를 계량하여 재료별로 진열하시오(9분).

❷ 반죽은 스트레이트법으로 제조하시오(단, 유지는 클린업 단계에
첨가하시오).

❸ 반죽 온도는 27℃를 표준으로 하시오.

❹ 분할 무게는 250g으로 하고, 제시된 팬의 용량을 감안하여
결정하시오(단, 분할 무게×2를 1개의 식빵으로 함).

❺ 반죽은 전량을 사용하여 성형하시오.

배합표

재료명	비율(%)	무게(g)
강력분	100	1,400
물	58	812
이스트	4	56
제빵개량제	1	14
소금	2	28
설탕	6	84
쇼트닝	4	56
달걀	5	70
분유	3	42
계	183	2,562

지급재료 목록

재료명	규격	수량	비고
밀가루	강력분	1,540g	1인용
쇼트닝	제과제빵용	62g	1인용
설탕	정백당	92g	1인용
소금	정제염	31g	1인용
이스트	생이스트	65g	1인용
제빵개량제	제빵용	15g	1인용
탈지분유	제과제빵용	46g	1인용
달걀	60g(껍데기 포함)	2개	1인용
식용유	대두유	50ml	1인용
얼음	식용	200g	1인용(겨울철 제외)
위생지	식품용(8절지)	10장	1인용
제품상자	제품포장용	1개	5인 공용

× POINT ×

○ 성형 시 힘, 크기, 방향이 똑같아야 균일하게 나와요.

○ 2차 발효 시 틀 아래로 0.5~1cm 발효점을 잘 맞춰주세요.

○ 식빵틀 5개 분량이고, 틀 코팅을 잘해주세요.

○ 오븐은 윗불 180℃, 아랫불 180℃로 예열해주세요.

○ 봄과 가을은 미지근한 물, 여름은 얼음을 넣은 차가운 물, 겨울은 따뜻한 물을 사용해주세요.

○ 글루텐은 100%, 반죽 온도는 27℃로 맞춰주세요.

○ 오븐에 제품이 들어갈 시 뚜껑이 닫혀 있는지 꼭 확인하세요.

01.

재료계량을 한다.

〔 TIP 〕 감독위원이 지정하는 볼, 종이를 사용해서 재료를 계량한다.

02.

믹싱볼에 유지류를 제외한 모든 재료를 넣고 1단으로 반죽한다. 단, 이스트, 설탕, 소금은 서로 만나지 않도록 떨어트려 넣는다.

03.

가루재료와 액체재료가 다 섞인 상태 (클린업 단계)가 되면 유지류를 첨가한 후 2단으로 반죽한다. 2단에서 4분 정도 반죽하다가, 3단에서 3~4분 정도 반죽한다.

04.

글루텐(100%)을 체크한다. 최종 단계 후 반죽 온도(27℃)를 체크한다.

〔 TIP 〕 반죽 온도는 ±1℃까지 점수 차감이 없다.

05.

발효실(온도 27℃, 습도 75~80%, 감독 위원이 설정)에 반죽을 넣고 60분 정도 1차 발효한다.

06.

발효하는 동안 지급 재료 목록에 있는 식용유를 이용하여 틀을 코팅한다.

07.

반죽의 부피가 2~3배 되었는지 체크한다.

〔 TIP 〕 손가락으로 반죽을 찔렀을 때 구멍이 그대로 남아 있는지 또는 반죽 밑면에 거미줄 그물 망이 생겼는지 체크한다.

08.

250g으로 나누어 총 10덩어리를 만든다.

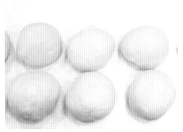

09.

둥글리기를 한 후 중간 발효(여름에는 5~10분, 겨울에는 10~20분)한다.

10.

작업대에 소량의 덧가루를 뿌린다. 밀대로 반죽을 밀고 3겹 접기 후 돌돌 말아 식빵 모양을 만든다.

11.

식빵틀에 2개의 반죽을 나란히 넣고 손등으로 반죽을 눌러준다.

12.

발효실(온도 38~40℃, 습도 85~90%, 감독위원이 설정)에 넣고 약 30분간 반죽이 틀 아래로 0.5~1cm 정도까지 올라오도록 2차 발효한다.

13.

틀 뚜껑을 덮어서 예열한 오븐에 넣고 30~35분 정도 구워준다.

〔 **TIP** 〕 굽는 도중 오븐의 문을 열지 않는다. 찬 기운이 들어가면 식빵의 모양이 주저앉을 수가 있기 때문이다.

14.

유산지를 깔아놓은 타공팬에 옮겨 제출한다. 이때 식빵의 옆구리가 찌그러지지 않도록 주의해서 옮긴다.

성 형 그 림

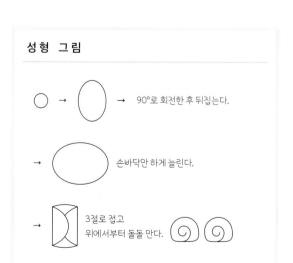

○ → ◯ → 90°로 회전한 후 뒤집는다.

→ ◯ 손바닥만 하게 늘린다.

→ 3절로 접고 위에서부터 돌돌 만다. ◎ ◎

★ ★ ★
제 품 평 가

모서리의 각이 제대로 나와 있어야 한다.

밑바닥까지 차 있어야 한다.

직사각형 모양이 제대로 나와야 한다.

구움색이 갈색이어야 한다.

3 : 30
hrs   min

Exam Time

제 빵
1 5

모카빵

MOCCA BREAD

**요 구
사 항**

❶ 배합표의 각 재료를 계량하여 재료별로 진열하시오(11분).

❷ 반죽은 스트레이트법으로 제조하시오(단, 유지는 클린업 단계에 첨가하시오).

❸ 반죽 온도는 27℃를 표준으로 하시오.

❹ 분할 무게는 250g으로 하고, 1개당 비스킷은 100g씩으로 제조하시오.

❺ 제품의 형태는 타원형(럭비공모양)으로 제조하시오.

❻ 토핑용 비스킷은 주어진 배합표에 의거하여 직접 제조하시오.

❼ 완제품 6개를 제출하고 남은 반죽은 감독위원의 지시에 따르시

반죽

재료명	비율(%)	무게(g)
강력분	100	850
물	45	382.5(382)
이스트	5	42.5(42)
제빵개량제	1	8.5(8)
소금	2	17(16)
설탕	15	127.5(128)
버터	12	102
탈지분유	3	25.5(26)
달걀	10	85(86)
커피	1.5	12.75(12)
건포도	15	127.5(128)
계	209.5	1,780.75(1,780)

토핑용 비스킷(토핑용 재료는 계량 시간에서 제외)

재료명	비율(%)	무게(g)
박력분	100	350
버터	20	70
설탕	40	140
달걀	24	84
베이킹파우더	1.5	5.25(5)
우유	12	42
소금	0.6	2.1(2)
계	198.1	693.35(693)

배합표

지급재료 목록

재료명	규격	수량	비고
밀가루	강력분	950g	1인용
밀가루	박력분	400g	1인용
설탕	정백당	400g	1인용
이스트	생이스트	50g	1인용
탈지분유	제빵용	30g	1인용
버터	무염	190g	1인용
소금	정제염	25g	1인용
제빵개량제	제빵용	10g	1인용
커피	분말	18g	1인용
달걀	60g(껍데기 포함)	4개	1인용
건포도	제과제빵용	150g	1인용
베이킹파우더	제과제빵용	10g	1인용
우유	시유	55ml	1인용
식용유	대두유	50ml	1인용
위생지	식품용(8절지)	10장	1인용
제품상자	제품포장용	1개	5인 공용
얼음	식용	200g	1인용(겨울철 제외)

× POINT ×

○ 여름철에 토핑물의 크림화를 많이 하면 질어질 수 있으니 주의해야 해요.

○ 건포도는 전처리해서 사용하고, 커피가루는 물에 풀어서 사용하세요.

○ 여름철에는 사용하기 전까지 토핑용 비스킷은 냉장보관 해주세요.

○ 오븐은 윗불 185℃, 아랫불 160℃로 예열해주세요.

○ 봄과 가을은 미지근한 물, 여름은 얼음을 넣은 차가운 물, 겨울은 따뜻한 물을 사용해주세요.

○ 글루텐은 100%, 반죽 온도는 27℃로 맞춰주세요.

○ 토핑물을 균등한 두께로 밀어서 펴야 해요.

01.

재료계량을 한다.

〔 TIP 〕 감독위원이 지정하는 볼, 종이를 사용해서 재료를 계량한다.

02.

믹싱볼에 유지류를 제외한 모든 재료를 넣고 1단으로 반죽한다. 단, 이스트, 설탕, 소금은 서로 만나지 않도록 떨어트려 넣는다.

03.

가루재료와 액체재료가 다 섞인 상태 (클린업 단계)가 되면 유지류를 첨가한 후 2단으로 반죽한다. 2단에서 4분 정도 반죽하다가, 3단에서 3~4분 정도 반죽한다.

04.

반죽을 최종 단계까지 한 후 물기를 제거한 건포도를 넣고 건포도가 반죽에 달라붙을 때까지 저속(1단)으로 반죽한다.

05.

글루텐(100%)을 체크한다. 최종 단계 후 반죽 온도(27℃)를 체크한다.

〔 TIP 〕 반죽 온도는 ±1℃까지 점수 차감이 없다.

06.

발효실(온도 27℃, 습도 75~80%, 감독 위원이 설정)에 반죽을 넣고 50~60분 정도 1차 발효한다.

07.

발효하는 동안 토핑물 재료를 계량한다.

08.

토핑용 비스킷은 크림법으로 제조한다. 여름에는 냉장보관하고, 겨울에는 실온 보관한다.

08-1.

버터를 풀어준 후 설탕, 소금을 넣고 크림화한다.

08-2.

달걀을 조금씩 나눠가며 섞어준다.

08-3.

체로 내린 가루재료(박력분, 베이킹파우더)를 넣고 주걱으로 섞은 후 우유를 넣고 섞어 한 덩어리로 만든다.

09.

반죽 부피가 2~3배 되었는지 체크한다.

〔 **TIP** 〕 손가락으로 반죽을 찔렀을 때 구멍이 그대로 남아 있는지 또는 반죽 밑면에 거미줄 그물망이 생겼는지 체크한다.

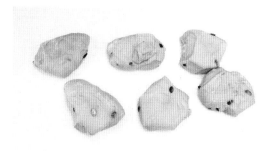

10.

250g으로 나누어 6덩어리를 만들고 남은 반죽은 감독위원의 지시에 따른다.

11.

둥글리기를 한 후 중간 발효(여름에는 5~10분, 겨울에는 10~20분)한다.

12.

토핑용 비스킷도 100g으로 나누어 6덩어리를 만들고 남은 반죽은 감독위원의 지시에 따른다.

13.

작업대에 소량의 덧가루를 뿌린다. 밀대로 반죽을 밀고 타원형(럭비공모양)으로 성형한다.

〔 **TIP** 〕 성형 후 윗면에 보이는 건포도는 떼어내서 바닥면에 붙인다.

14.

토핑용 비스킷 밀어서 편 후 반죽 위에 덮는다. 1팬에 각 3개씩 팬닝하여 2팬을 만든다.

15.

발효실(온도 38~40℃, 습도 85~90%, 감독위원이 설정)에 넣고 약 40분 동안 2차 발효한다.

16.

예열한 오븐에 넣어 20~25분 동안 구워준다. 이때 17분 정도 구워준 후 오븐 체인지(오븐팬 자리 바꾸기)를 한다.

〔 **TIP** 〕 오븐 열이 골고루 닿지 않기에 균등한 구움색을 내기 위해 오븐팬의 자리를 바꾸는 것이 좋다. 색이 나기 전에는 절대 오븐 문을 열지 않는다.

17.

유산지를 깔아놓은 타공팬에 옮겨 제출한다.

성 형 그 림

○ → 직각 필수 → → 위에서부터 말아준다. → 25cm

→ 토핑물을 밀어서 올린다. 측면

제 품 평 가

6개의 제품 모두 크기와 색이 균등해야 한다.

모양은 타원형(럭비공모양)이어야 한다.

건포도가 튀어나와 있으면 안 된다.

토핑물이 전체적으로 덮여 있어야 한다.

3 : 40
hrs min

Exam Time

제 빵
1 6

쌀식빵

RICE BREAD

**요 구
사 항**

❶ 배합표의 각 재료를 계량하여 재료별로 진열하시오(9분).

❷ 반죽은 스트레이트법으로 제조하시오(단, 유지는 클린업
단계에서 첨가하시오).

❸ 반죽 온도는 27℃를 표준으로 하시오.

❹ 분할 무게는 190g씩으로 하고, 제시된 팬의 용량을 감안하여
결정하시오(단, 분할무게×3을 1개의 식빵으로 함).

❺ 반죽은 전량을 사용하여 성형하시오.

배합표

재료명	비율(%)	무게(g)
강력분	70	910
쌀가루	30	390
물	63	819(820)
이스트	3	39(40)
소금	1.8	23.4(24)
설탕	7	91(90)
쇼트닝	5	65(66)
탈지분유	4	52
제빵개량제	2	26
계	185.8	2,415.4(2,418)

지급재료 목록

재료명	규격	수량	비고
밀가루	강력분	1,000g	1인용
쌀가루	강력쌀가루(제과제빵용)	430g	1인용
설탕	정백당	100g	1인용
쇼트닝	제과제빵용	72g	1인용
소금	정제염	26g	1인용
탈지분유	제과제빵용	60g	1인용
이스트	저당용	43g	1인용
제빵개량제	제빵용	29g	1인용
식용유	대두유	50ml	1인용
위생지	식품용(8절지)	10장	1인용
제품상자	제품포장용	1개	5인 공용
얼음	식용	200g	1인용(필요 시)

× POINT ×

◯ 성형 시 똑같은 힘과 크기, 방향으로 해야 균일하게 나와요.

◯ 2차 발효 시 틀 높이 또는 틀 위로 0.5cm 발효점을 잘 맞춰주세요.

◯ 식빵틀 4개 분량이며 틀 코팅을 잘해야 해요.

◯ 오븐은 윗불 170℃, 아랫불 190℃로 예열해주세요.

◯ 봄과 가을은 미지근한 물, 여름은 얼음을 넣은 차가운 물, 겨울은 따뜻한 물을 사용해주세요.

◯ 글루텐은 100%, 반죽 온도는 27℃로 맞춰주세요.

01.

재료계량을 한다.

〔 **TIP** 〕 감독위원이 지정하는 볼, 종이를 사용해서 재료를 계량한다.

02.

믹싱볼에 유지(쇼트닝)을 제외한 모든 재료를 넣고 1단(저속)으로 반죽한다. 단, 이스트, 설탕, 소금은 서로 만나지 않도록 떨어트려 넣는다.

03.

가루재료와 액체재료가 다 섞인 상태(클린업 단계)가 되면 유지를 넣고 2단(중속), 3단(고속) 순으로 글루텐 100% 되도록 반죽한다.

04.

반죽 온도(27℃)를 체크하여 반죽을 다듬어 깨끗한 볼에 옮긴 뒤 1차 발효한다(온도 27℃ 습도 75-80% 발효실에 반죽을 넣고 50~60분 1차 발효).

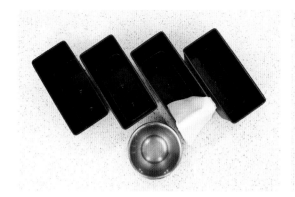

05.

발효하는 동안 틀을 준비한다(코팅이 벗겨있다면 소량의 식용유를 사용해 코팅하기).

06.

반죽의 부피가 2~3배 되었는지 체크한다.

〔 **TIP** 〕 손가락에 밀가루를 묻혀 반죽을 찔렀을 때 구멍이 그대로 남아 있는지, 또는 반죽 밑면에 거미줄 그물망이 생겼는지 체크한다.

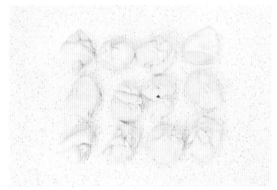

07.

198g으로 분할하여 총 12덩어리를 만든다(제시된 팬의 용량을 감안하여 결정한다).

08.

둥글리기를 한 후 중간 발효한다(여름에는 5~10분 겨울에는 10~20분, 벤치타임).

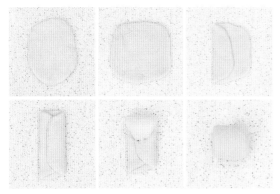

09.

작업대에 소량의 덧가루를 뿌려 3겹 접기 후 돌돌 말아 식
빵 모양을 만든다.

10.

식빵틀에 3개의 반죽을 나란히 넣고 손등으로 반죽을 눌러
준다(달팽이 모양이 한방향으로 들어갈 수 있도록 한다).

11.

발효실(온도 38~40℃, 습도 85~90%)에 넣고 약 30~40
분, 반죽이 틀 높이 또는 틀 위로 0.5cm 정도 올라오도록 2
차 발효한다.

12.

예열한 오븐에 넣고 30분 정도 구워준 후 유산지를 깔아놓
은 타공팬에 옮겨 제출한다. 이때 식빵의 옆구리가 찌그러
지지 않도록 주의해서 옮긴다.

성형 그림

⭐ ⭐ ⭐

제품 평가

식빵의 구움색이 너무 연하거나, 타지 않아야 한다.

식빵의 봉우리 3개의 높이가 다 맞아야 한다.

밑바닥이 채워져 있어야 한다.

옆구리가 찌그러지지 않아야 한다.

옆면 터짐이 균일하게 나야 한다.

측면 달팽이 모양의 방향이 다 맞아야 한다.

제 빵

1 7

버터톱 식빵

BUTTER TOP BREAD

요구 사항	❶ 배합표의 각 재료를 계량하여 재료별로 진열하시오(9분). ❷ 반죽은 스트레이트법으로 제조하시오(단, 유지는 클린업 　단계에 첨가하시오). ❸ 반죽 온도는 27℃를 표준으로 하시오.	❹ 분할 무게는 460g으로 하고, 5개를 만드시오(한 덩이 : one loaf). ❺ 윗면을 길이로 자르고 버터를 짜 넣는 형태로 만드시오. ❻ 반죽은 전량을 사용하여 성형하시오.

반죽

재료명	비율(%)	무게(g)
강력분	100	1,200
물	40	480
이스트	4	48
제빵개량제	1	12
소금	1.8	21.6(22)
설탕	6	72
버터	20	240
탈지분유	3	36
달걀	20	240
계	195.8	2,349.6(2,350)

토핑(토핑용 재료는 계량 시간에서 제외)

재료명	비율(%)	무게(g)
버터(바르기용)	5	60

배합표

지급재료 목록

재료명	규격	수량	비고
밀가루	강력분	1,320g	1인용
이스트	생이스트	53g	1인용
설탕	정백당	80g	1인용
탈지분유	제과제빵용	40g	1인용
버터	무염	330g	1인용
소금	정제염	24g	1인용
제빵개량제	제빵용	14g	1인용
식용유	대두유	20ml	1인용
달걀	60g(껍데기 포함)	5개	1인용
얼음	식용	100g	1인용(겨울철 제외)
위생지	식품용(8절지)	10장	1인용
제품상자	제품포장용	1개	5인 공용

× POINT ×

○ 성형 시 힘, 크기, 방향이 똑같아야 균일하게 나와요.

○ 2차 발효 시 틀 아래로 1.5cm 발효점을 잘 맞춰주세요.

○ 식빵틀 5개 분량이고, 틀 코팅을 잘해주세요.

○ 오븐은 윗불 170℃, 아랫불 190℃로 예열해주세요.

○ 봄과 가을은 미지근한 물, 여름은 얼음을 넣은 차가운 물, 겨울은 따뜻한 물을 사용해주세요.

○ 글루텐은 100%, 반죽 온도는 27℃로 맞춰주세요.

○ 칼집을 너무 깊게 넣으면 안 돼요.

01.

재료계량을 한다.

〔 **TIP** 〕 감독위원이 지정하는 볼, 종이를 사용해서 재료를 계량한다.

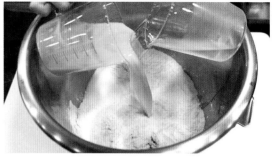

02.

믹싱볼에 유지류를 제외한 모든 재료를 넣고 1단으로 반죽한다. 단, 이스트, 설탕, 소금은 서로 만나지 않도록 떨어트려 넣는다.

03.

가루재료와 액체재료가 다 섞인 상태(클린업 단계)가 되면 유지류를 첨가한 후 2단으로 반죽한다. 2단에서 4분 정도 반죽하다가, 3단에서 3~4분 정도 반죽한다.

04.

글루텐(100%)을 체크한다. 최종 단계 후 반죽 온도(27℃)를 체크한다.

〔 **TIP** 〕 반죽 온도는 ±1℃까지 점수 차감이 없다.

05.

발효실(온도 27℃, 습도 75~80%, 감독위원이 설정)에 반죽을 넣고 60분 동안 1차 발효한다.

06.

발효하는 동안 지급 재료 목록에 있는 식용유를 이용하여 틀을 코팅하고 짤주머니에 바르기용 버터를 담는다.

07.

반죽의 부피가 2~3배 되었는지 체크한다.

〔 **TIP** 〕 손가락으로 반죽을 찔렀을 때 구멍이 그대로 남아 있는지 또는 반죽 밑면에 거미줄 그물망이 생겼는지 체크한다.

08.

460g으로 나누어 총 5덩어리를 만든다.

09.

둥글리기를 한 후 중간 발효(여름에는 5~10분, 겨울에는 10~20분)한다.

10.

작업대에 소량의 덧가루를 뿌린다. 밀대로 반죽을 밀고 원 로프(one loaf)모양을 만든다. 이때 식빵틀보다 짧게 반죽을 만들어야 한다.

11.

식빵틀에 반죽을 넣고 손등으로 반죽을 눌러준다.

12.

발효실(온도 38~40℃, 습도 85~90%, 감독위원이 설정)에 넣고 약 30분간 반죽이 틀 아래로 1.5cm 정도 올라오도록 2차 발효한다.

13.

칼집을 일자모양으로 낸다. 이때 양쪽 끝에 1cm 간격을 두고 칼집을 넣는다. 칼집 위에 버터를 한 줄로 굵게 짠다.

14.

예열한 오븐에 넣고 30~35분 정도 구워준다.

〔 TIP 〕 굽는 도중 오븐의 문을 열지 않는다. 찬 기운이 들어가면 식빵의 모양이 주저앉을 수가 있기 때문이다.

15.

유산지를 깔아놓은 타공팬에 옮겨 제출한다. 이때 식빵의 옆구리가 찌그러지지 않도록 주의해서 옮긴다.

성형 그림

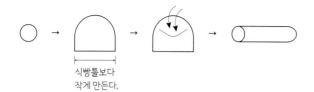

식빵틀보다
작게 만든다.

★ ★ ★

제품 평가

칼집이 너무 깊게 들어가면 식빵 모양이 이상해지므로
적당히 들어가야 한다.

식빵 5개의 구움색이 동일해야 한다.

이음매는 바닥으로 잘 가 있어야 한다.

빵도넛

YEAST DOUGHNUT

❶ 배합표의 각 재료를 계량하여 재료별로 진열하시오(12분).

❷ 반죽은 스트레이트법으로 제조하시오(단, 유지는 클린업 단계에 첨가하시오).

❸ 반죽 온도는 27℃를 표준으로 하시오.

❹ 분할 무게는 46g씩으로 하시오.

❺ 모양은 8자형 22개와 트위스트형(꽈배기형) 22개로 만드시오.

❻ 남은 반죽은 감독위원의 지시에 따라 별도로 제출하시오.

배합표

재료명	비율(%)	무게(g)
강력분	80	880
박력분	20	220
설탕	10	110
쇼트닝	12	132
소금	1.5	16.5(16)
탈지분유	3	33(32)
이스트	5	55(56)
제빵개량제	1	11(10)
바닐라향	0.2	2.2(2)
달걀	15	165(164)
물	46	506
넛메그	0.3	3.3(3)
계	194	2,134(2,131)

지급재료 목록

재료명	규격	수량	비고
밀가루	강력분	960g	1인용
밀가루	박력분	240g	1인용
설탕	정백당	120g	1인용
쇼트닝	제과제빵용	145g	1인용
소금	정제염	18g	1인용
탈지분유	제과제빵용	50g	1인용
이스트	생이스트	60g	1인용
제빵개량제	제빵용	13g	1인용
바닐라향	분말	3g	1인용
달걀	60g(껍데기 포함)	4개	1인용
넛메그	향신료(식용)	4g	1인용
식용유	대두유	3,000ml	1인용
얼음	식용	200g	1인용(겨울철 제외)
위생지	식품용(8절지)	10장	1인용
부탄가스	가정용(220g)	1개	5인 공용
제품상자	제품포장용	1개	5인 공용

× POINT ×

- 성형 시 힘, 크기, 방향이 똑같아야 균일하게 나와요.
- 기름을 사용해야 하니 안전에 주의하세요.
- 성형을 2가지 모양(8자형, 꽈배기형)으로 하여 각각 2판씩 총 4판으로 만들어요.
- 2판을 먼저 발효실에 넣고 발효하는 동안 나머지 2판을 성형하고, 2판을 튀기는 동안 나머지 2판을 발효합니다.
- 봄과 가을은 미지근한 물, 여름은 얼음을 넣은 차가운 물, 겨울은 따뜻한 물을 사용해주세요.
- 글루텐은 90%, 반죽 온도는 27℃로 맞춰주세요.

01.

재료계량을 한다.

〔 **TIP** 〕 감독위원이 지정하는 볼, 종이를 사용해서 재료를 계량한다.

02.

믹싱볼에 유지류를 제외한 모든 재료를 넣고 1단으로 반죽한다. 단, 이스트, 설탕, 소금은 서로 만나지 않도록 떨어트려 넣는다.

03.

가루재료와 액체재료가 다 섞인 상태(클린업 단계)가 되면 유지류를 첨가한 후 2단으로 반죽한다. 2단에서 4분 정도 반죽하다가, 3단에서 2~3분 정도 반죽한다.

04.

글루텐(90%)을 체크한다. 발전 단계 후기 후 반죽 온도(27℃)를 체크한다.

〔 **TIP** 〕 반죽 온도는 ±1℃까지 점수 차감이 없다.

05.

발효실(온도 27℃, 습도 75~80%, 감독위원이 설정)에 반죽을 넣고 50분 동안 1차 발효한다.

06.

반죽의 부피가 2~3배 되었는지 체크한다.

〔 **TIP** 〕 손가락으로 반죽을 찔렀을 때 구멍이 그대로 남아 있는지 또는 반죽 밑면에 거미줄 그물망이 생겼는지 체크한다.

07.

46g으로 나누어 분할한다.

08.

둥글리기를 한 후 중간 발효(여름에는 5~10분, 겨울에는 10~20분)한다.

〔 **TIP** 〕 작업 속도가 느리면 중간 발효 없이 진행한다. 40개가 넘기 때문에 첫 번째 둥글리기한 빵은 자연스럽게 중간 발효가 되어 있다.

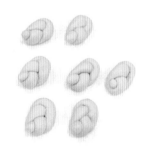

09.

작업대에 소량의 덧가루를 뿌린다. 8자형은 밀대로 반죽을 25cm 정도로 길게 밀어서 22개를 성형한 후 2팬에 팬닝한다.

10.

꽈배기형은 밀대로 반죽을 28cm 정도로 길게 밀어서 22개를 성형한 후 2팬에 팬닝한다.

11.

발효실(온도 38~40℃, 습도 75~80%, 감독위원이 설정)에 넣고 약 30분간 2차 발효한다.

12.

식용유를 170~180℃ 정도로 예열한 후 반죽을 넣고 1분~1분 30초 동안 튀긴다.

〔 **TIP** 〕 튀기기 전에 반죽을 2분 정도 건조시켜 튀기고, 딱 한 번만 뒤집어서 옆구리 부분에 흰색 라인이 생기도록 한다.

⭐ ⭐ ⭐

제 품 평 가

옆구리 부분의 흰색 라인이 반드시 있어야 한다.

8자형과 꽈배기형 모두 튀겨진 색이 같아야 하며 꼬리가 풀려 있으면 안 된다.

13.

한 김 식으면 계피설탕 또는 설탕을 묻혀 유산지를 깔아놓은 타공팬에 옮겨 제출한다.

성 형 그 림

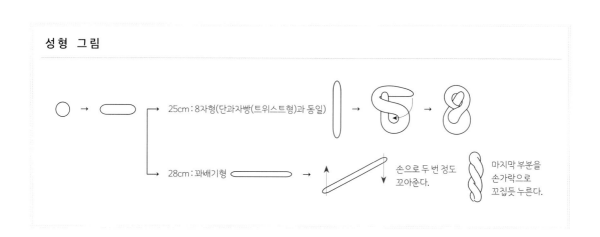

25cm : 8자형(단과자빵(트위스트형)과 동일)

28cm : 꽈배기형

손으로 두 번 정도 꼬아준다.

마지막 부분을 손가락으로 꼬집듯 누른다.

3 : 30
hrs   min

Exam Time

스위트 롤
SWEET ROLL

요 구
사 항

❶ 배합표의 각 재료를 계량하여 재료별로 진열하시오(9분).

❷ 반죽은 스트레이트법으로 제조하시오(단, 유지는 클린업 단계에 첨가하시오).

❸ 반죽 온도는 27℃를 표준으로 하시오.

❹ 야자잎형 12개, 세잎새형(트리플리프) 9개를 만드시오.

❺ 계피설탕은 각자가 제조하여 사용하시오.

❻ 성형 후 남은 반죽은 감독위원의 지시에 따라 별도로 제출하시오.

반죽

재료명	비율(%)	무게(g)
강력분	100	900
물	46	414
이스트	5	45(46)
제빵개량제	1	9(10)
소금	2	18
설탕	20	180
쇼트닝	20	180
탈지분유	3	27(28)
달걀	15	135(136)
계	212	1,908(1,912)

충전물 (충전용 재료는 계량 시간에서 제외)

재료명	비율(%)	무게(g)
충전용 설탕	15	135(136)
충전용 계피가루	1.5	13.5(14)

배합표

지급재료 목록

재료명	규격	수량	비고
밀가루	강력분	990g	1인용
쇼트닝	제과제빵용	200g	1인용
설탕	정백당	350g	1인용
소금	정제염	20g	1인용
이스트	생이스트	50g	1인용
제빵개량제	제빵용	12g	1인용
계피가루	-	15g	1인용
탈지분유	제과제빵용	30g	1인용
달걀	60g(껍데기 포함)	3개	1인용
식용유	대두유	50ml	1인용
얼음	식용	200g	1인용(겨울철 제외)
위생지	식품용(8절지)	10장	1인용
제품상자	제품포장용	1개	5인 공용

× POINT ×

◎ 반죽을 밀 때 똑같은 두께로 밀어 펴야 해요.

◎ 용해 버터가 지급되지 않을 시, 지급 재료 목록에 있는 식용 유로 기름칠을 한 후 충전용 계피설탕을 발라주세요.

◎ 중간 발효를 하지 않고 바로 성형해도 됩니다.

◎ 오븐은 윗불 180℃, 아랫불 160℃로 예열해주세요.

◎ 봄과 가을은 미지근한 물, 여름은 얼음을 넣은 차가운 물, 겨울은 따뜻한 물을 사용해주세요.

◎ 오븐팬은 2팬을 사용하여 구워주세요.

◎ 글루텐은 100%, 반죽 온도는 27℃로 맞춰주세요.

01.

재료계량을 한다.

〔 TIP 〕 감독위원이 지정하는 볼, 종이를 사용해서 재료를 계량한다.

02.

믹싱볼에 유지류를 제외한 모든 재료를 넣고 1단으로 반죽한다. 단, 이스트, 설탕, 소금은 서로 만나지 않도록 떨어트려 넣는다.

03.

가루재료와 액체재료가 다 섞인 상태(클린업 단계)가 되면 유지류를 첨가한 후 2단으로 반죽한다. 2단에서 4분 정도 반죽하다가, 3단에서 3~4분 정도 반죽한다.

04.

글루텐(100%)을 체크한다. 최종 단계 후 반죽 온도(27℃)를 체크한다.

〔 TIP 〕 반죽 온도는 ±1℃까지 점수 차감이 없다.

05.

발효실(온도 27℃, 습도 75~80%, 감독위원이 설정)에 반죽을 넣고 50~60분 정도 1차 발효한다.

06.

발효하는 동안 충전물 재료를 계량한 후 섞어 계피설탕을 만든다.

07.

반죽의 부피가 2~3배 되었는지 체크한다.

〔 TIP 〕 손가락으로 반죽을 찔렀을 때 구멍이 그대로 남아 있는지 또는 반죽 밑면에 거미줄 그물 망이 생겼는지 체크한다.

08.

반죽의 총 무게를 잰 뒤 2등분하여 2덩어리를 만든다.

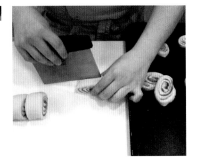

09.

1덩어리를 밀어 펴서 식용유를 바르고 계피설탕 1/2을 골고루 뿌린 후 돌돌 말아준다. 4cm 간격으로 자른 후 가운데에 4/5 깊이로 칼집을 네 야지잎형으로 성형힌다. 총 12개를 만들어 1팬에 팬닝한다.

10.

나머지 1덩어리는 밀어 펴서 식용유를 바르고 남은 계피설탕을 골고루 뿌린 후 돌돌 말아준다. 5cm 간격으로 자른 후 1.5cm 간격으로 4/5 깊이의 칼집을 2번 내 세잎새형으로 성형한다. 총 9개를 만들어 1팬에 팬닝한다.

11.

발효실(온도 38~40℃, 습도 85~90%, 감독위원이 설정)에 넣고 25~30분간 2차 발효한다.

12.

예열한 오븐에 넣어 15~20분 동안 구워준다. 이때 13분 정도 구워준 후 오븐 체인지(오븐팬 자리 바꾸기)를 한다.

〔 TIP 〕 오븐 열이 골고루 닿지 않기에 균등한 구움색을 내기 위해 오븐팬의 자리를 바꾸는 것이 좋다. 색이 나기 전에는 절대 오븐 문을 열지 않는다.

13.

유산지를 깔아놓은 타공팬에 옮겨 제출한다.

성 형 그 림

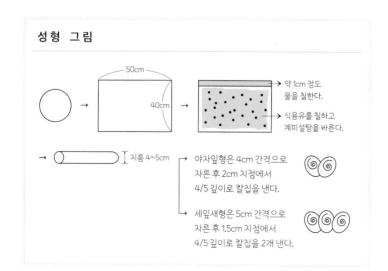

50cm

40cm

→ 약 1cm 정도 물을 칠한다.

→ 식용유를 칠하고 계피설탕을 바른다.

→ 지름 4~5cm

→ 야자잎형은 4cm 간격으로 자른 후 2cm 지점에서 4/5 깊이로 칼집을 낸다.

→ 세잎새형은 5cm 간격으로 자른 후 1.5cm 지점에서 4/5 깊이로 칼집을 2개 낸다.

★ ★ ★
제 품 평 가

야자잎형과 세잎새형 각각의 모양과 색이 같아야 한다.

반죽을 밀어 펼 때 두께가 일정하지 않으면 이파리의 두께가 달라지므로 주의한다.

반죽 사이사이의 동그란 회오리 모양이 잘 보여야 한다.

제 빵
2 0

버터 롤

BUTTER ROLL

요 구
사 항

❶ 배합표의 각 재료를 계량하여 재료별로 진열하시오(9분).

❷ 반죽은 스트레이트법으로 제조하시오(단, 유지는 클린업
단계에 첨가하시오).

❸ 반죽 온도는 27℃를 표준으로 하시오.

❹ 분할 무게는 50g으로 하고, 번데기모양으로 제조하시오.

❺ 반죽 24개를 성형하고 남은 반죽은 감독위원의 지시에 따르시오.

배합표

재료명	비율(%)	무게(g)
강력분	100	900
설탕	10	90
소금	2	18
버터	15	135(134)
탈지분유	3	27(26)
달걀	8	72
이스트	4	36
제빵개량제	1	9(8)
물	53	477(476)
계	196	1,764(1,760)

지급재료 목록

재료명	규격	수량	비고
밀가루	강력분	990g	1인용
이스트	생이스트	40g	1인용
소금	정제염	20g	1인용
설탕	정백당	100g	1인용
제빵개량제	제빵용	10g	1인용
버터	무염	150g	1인용
탈지분유	제과제빵용	30g	1인용
달걀	60g(껍데기 포함)	2개	1인용
식용유	대두유	50ml	1인용
위생지	식품용(8절지)	10장	1인용
제품상자	제품포장용	1개	5인 공용
얼음	식용	200g	1인용(겨울철 제외)

× POINT ×

○ 반죽을 밀 때 똑같은 두께로 밀어 펴야 해요.

○ 오븐은 윗불 190℃, 아랫불 160℃로 예열해주세요.

○ 봄과 가을은 미지근한 물, 여름은 얼음을 넣은 차가운 물, 겨울은 따뜻한 물을 사용해주세요.

○ 오븐팬은 2팬을 사용하여 구워주세요.

○ 글루텐은 100%, 반죽 온도는 27℃로 맞춰주세요.

01.

재료계량을 한다.

〔 **TIP** 〕 감독위원이 지정하는 볼, 종이를 사용해서 재료를 계량한다.

02.

믹싱볼에 유지류를 제외한 모든 재료를 넣고 1단으로 반죽한다. 단, 이스트, 설탕, 소금은 서로 만나지 않도록 떨어트려 넣는다.

03.

가루재료와 액체재료가 다 섞인 상태(클린업 단계)가 되면 유지류를 첨가한 후 2단으로 반죽한다. 2단에서 4분 정도 반죽하다가, 3단에서 3~4분 정도 반죽한다.

04.

글루텐(100%)을 체크한다. 최종 단계 후 반죽 온도(27℃)를 체크한다.

〔 **TIP** 〕 반죽 온도는 ±1℃까지 점수 차감이 없다.

05.

발효실(온도 27℃, 습도 75~80%, 감독위원이 설정)에 반죽을 넣고 50~60분 정도 1차 발효한다.

06.

반죽의 부피가 2~3배 되었는지 체크한다.

〔 **TIP** 〕 손가락으로 반죽을 찔렀을 때 구멍이 그대로 남아 있는지 또는 반죽 밑면에 거미줄 그물망이 생겼는지 체크한다.

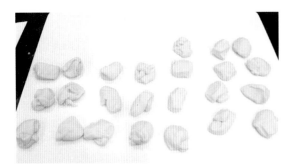

07.

50g으로 나누어 24덩어리를 만들고 남은 반죽은 감독위원의 지시에 따른다

08.

둥글리기를 한 후 중간 발효(여름에는 5~10분, 겨울에는 10~20분)한다

09.

밀대로 반죽을 밀고 폭 7~8cm, 길이 30cm의 올챙이모양
으로 만든 후 돌돌돌 말아 번데기모양으로 성형한다. 12개씩
2팬에 팬닝한다.

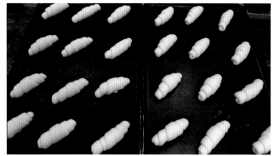

10.

발효실(온도 35~38℃, 습도 85~90%, 감독위원이 설정)에
넣고 35~40분 정도 2차 발효한다.

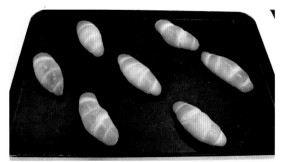

11.

예열한 오븐에 넣고 13~15분 정도 구워준다. 이때 10분 정
도 구워준 후 오븐 체인지(오븐팬 자리 바꾸기)를 한다.

〔 TIP 〕 오븐 열이 골고루 닿지 않기에 균등한 구움색을 내기 위해 오
븐팬의 자리를 바꾸는 것이 좋다. 색이 나기 전에는 절대 오븐 문을 열지
않는다.

12.

유산지를 깔아놓은 타공팬에 옮겨 제출한다.

성형 그림

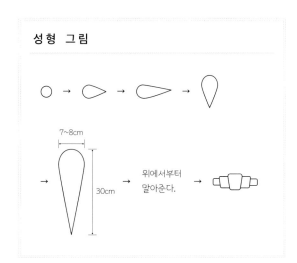

7~8cm

30cm

위에서부터
말아준다.

★ ★ ★

제품 평가

24개의 제품 모두 모양, 크기, 구움색이 같아야 한다.

번데기모양의 라인이 잘 잡혀 있어야 한다(과발효되면
번데기모양의 라인이 사라지니 유의한다).

성형 시 힘을 과하게 주어 밀어 펴면 굽고 난 뒤 결이
다 찢어지므로 조금씩 살살 밀어 펴야 한다.

Education by Sympathy iCox